图解 猪病防治

TUJIE ZHUBING FANGZHI

第二版

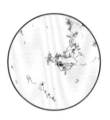

王志远 李 涛 孙 霞 主编

化学工业出版社
·北京·

U0209704

内容简介

本书主要介绍了猪的全身性疾病、呼吸系统疾病、消化道疾病、繁殖障碍性疾病及其他一些常见性疾病的病原、流行病学、临床症状、病理变化、诊断方法与防治措施等。书中配有近400张猪病相关图片，附录中通过表格形式简明扼要地介绍了常见猪病的鉴别诊断方法和猪场常用药物使用方法，并附有138个视频和36套幻灯片来讲解相关知识，有利于读者的阅读和理解。

本书适合于养殖场技术管理人员、动物医学相关专业师生参考。

图书在版编目（CIP）数据

图解猪病防治/王志远，李涛，孙霞主编．—2版．—北京：
化学工业出版社，2023.11
ISBN 978-7-122-44066-2

Ⅰ．①图…　Ⅱ．①王…②李…③孙…　Ⅲ．①猪病-防治-
图解　Ⅳ．①S858.28-64

中国国家版本馆CIP数据核字（2023）第160194号

责任编辑：彭爱铭　　　　　　　　　　　　装帧设计：史利平
责任校对：宋　玮

出版发行：化学工业出版社（北京市东城区青年湖南街13号　邮政编码100011）
印　　装：北京盛通印刷股份有限公司
787mm×1092mm　1/16　印张12　字数148千字　2023年11月北京第2版第1次印刷

购书咨询：010-64518888　　　　　　　　　售后服务：010-64518899
网　　址：http://www.cip.com.cn
凡购买本书，如有缺损质量问题，本社销售中心负责调换。

定　　价：128.00元

编写人员名单

主　编　王志远　李　涛　孙　霞

副主编　田和军　郭建强　王　兆
　　　　张国梁　韩先杰　刘纪玉
　　　　祝永华　高金柱

其他参编人员（按姓氏拼音排序）

蔡艳明　曹　雷　陈可新

陈晓瑛　戴海程　巩玉强

韩　光　纪丽丽　焦绪国

鞠　雷　兰文斌　李　锋

李书光　李　瑶　李宗杰

刘新勃　柳美玲　吕学杰

马治家　门娟娟　逄金标

邱　阳　陶昶旭　王军一

王永海　王志超　温玉梅

闫宏友　姚冬芹　姚英峰

于登山　于振玲　原慧斌

岳林林　臧玉鹏　战京芹

张兴国　朱明振　庄青叶

前言 PREFACE

　　《图解猪病防治》第一版介绍了一些常见性猪病的病原、流行病学、临床症状、病理变化、诊断方法与防治措施等，书中附有大量图片和86个相关视频，为读者学习掌握相关知识带来了很大的便利，深得读者喜爱，得到了同行较高的评价，为基层兽医工作者提高诊疗水平发挥了有益的作用。第一版自2020年出版后，历经四次印刷，取得了较好的社会效益和经济效益。

　　根据学科科技发展的新动向和读者的意见，我们决定进行修订再版。本书的再次出版，对一些内容进行了修订，比如根据最新发布的《中华人民共和国动物防疫法》，将猪瘟调整为二类动物疫病；附录"腹泻相关疾病鉴别诊断"中增加了"类圆线虫病"；更新了视频"猪的肺内注射"。第二版最突出的特点是在第一版86个视频的基础上又补充了52个视频，其中在线课教学视频48个，专家讲座视频4个，比如免疫系统结构功能与健康、心血管系统结构功能与健康、ASFV荧光定量PCR、猪瘟案例分析、猪丹毒案例分析、病毒性腹泻综合诊断、腹腔注射疗法、口蹄疫诊断与防控和母猪常见问题处理等；新增猪病幻灯片36套，如猪肺疫、非洲猪瘟、消化道寄生虫病、常见细菌镜检图等。相比第一版，第二版的数字资源更加丰富，更利于读者的学习。

　　本书的修订出版，首先要感谢我们团队所有成员，各位老师经过多年实践经验为课程数字资源建设奠定了基础；其次要感谢同行专家和基层兽医工作者，他们为本书提供了大量有用的资料；最后要感谢山东省生猪产业技术体系各位专家的大力帮助。

　　虽经修订，但不足之处仍在所难免，恳请广大同行、读者提出宝贵意见。

王志远

2023年4月于潍坊

第一版前言

我国是养猪大国，饲养量几乎占世界总量的一半，但我国整体的生猪养殖水平和效率仍然很低。相较一些养猪发达国家，猪病是影响我国养猪发展的重要因素之一。随着中国养猪业规模化、标准化的发展，对猪场疫病防控的要求越来越高。这就要求兽医从业人员必须具备正确的防疫理念、快速准确的诊断技术和疾病控制能力。

编写本书的目的是希望通过我们在疫病诊断及防控方面的积累为广大兽医工作者尤其是行业内的新人提供一些帮助。本书的资源大多来源于我们团队多年的实践总结和积累，有部分资源来源于同行业有关部门的专家和基层兽医工作者。在多年的服务工作中，我们抱着认真负责的态度、秉持求真务实的理念，对疾病的诊断追根溯源，充分利用实验室检测手段查明原因，提高诊断准确率。我们的团队有多年服务于大型养殖场的成功经验和对小型养殖场户的服务经验，发达的网络技术使我们与基层兽医的联系更加方便、快捷。

本书的内容大部分来自于我们团队在生产实践中收集而且经过确诊的病例。我们还制作和收集了86个视频资源，内容包括常用的实验室检测技术，治疗和生产操作技术，以及部分疾病的症状视频（通过手机扫描二维码即可观看有关操作视频）。

我们期望以直观的学习资源供大家学习参考，但由于水平所限，书中内容必定有不足之处，恳请同行、读者提出宝贵意见。

本书的编写得到山东省现代农业产业技术体系生猪产业创新团队各位专家的大力帮助，谨此谢忱！

王志远

2019 年 8 月于潍坊

目录 CONTENTS

第一章 │ 全身性疾病 ··001

　　单元一　猪瘟 ···001

　　单元二　非洲猪瘟 ···008

　　单元三　猪口蹄疫 ···011

　　单元四　猪圆环病 ···016

　　单元五　猪丹毒 ···020

　　单元六　猪链球菌病 ···025

　　单元七　李氏杆菌病 ···030

　　单元八　猪附红细胞体病 ···································034

　　单元九　破伤风 ···038

　　单元十　弓形虫病 ···040

第二章 │ 呼吸系统疾病 ··044

　　单元一　猪支原体肺炎 ·······································044

　　单元二　猪肺疫 ···047

　　单元三　猪传染性胸膜肺炎 ·································052

　　单元四　副猪嗜血杆菌病 ···································057

　　单元五　猪传染性萎缩性鼻炎 ·····························061

　　单元六　猪流感 ···066

第三章 | 消化道疾病 ···070

单元一　猪传染性胃肠炎 ······································070

单元二　猪流行性腹泻 ··072

单元三　猪轮状病毒感染 ······································074

单元四　猪大肠杆菌病 ··076

单元五　猪副伤寒 ··081

单元六　猪增生性肠病 ··085

单元七　猪痢疾 ··087

单元八　仔猪梭菌性肠炎 ······································090

单元九　猪念珠菌病 ··092

单元十　猪蛔虫病 ··094

单元十一　类圆线虫病（杆虫病）······························096

单元十二　食道口线虫病（结节虫病）··························097

单元十三　毛首线虫病（鞭虫病）······························099

单元十四　结肠小袋纤毛虫病 ··································101

单元十五　猪毛滴虫病 ··102

单元十六　胃溃疡 ··105

单元十七　肠便秘 ··109

第四章│繁殖障碍性疾病 ·· 112

　　单元一　猪繁殖与呼吸综合征（蓝耳病） ························ 112

　　单元二　猪伪狂犬病 ·· 117

　　单元三　猪细小病毒病 ·· 121

　　单元四　猪乙型脑炎 ·· 123

第五章│其他疾病 ·· 127

　　单元一　猪应激综合征 ·· 127

　　单元二　食盐中毒 ·· 129

　　单元三　铜中毒 ·· 131

　　单元四　磺胺类药物中毒 ·· 132

　　单元五　霉菌毒素中毒 ·· 134

　　单元六　渗出性皮炎 ·· 141

　　单元七　疥螨病 ·· 144

　　单元八　日光性皮炎 ·· 146

　　单元九　玫瑰糠疹 ·· 148

　　单元十　疝 ·· 150

附录 ·· 153

　　附录一　猪病鉴别诊断表 ·· 153

　　附录二　猪场常用药物使用方法 ·· 162

　　附录三　视频部分名单 ·· 165

　　附录四　幻灯片部分名单 ·· 167

　　附录五　配套视频和幻灯片资源二维码 ·· 168

参考文献 ·· 183

第一章

全身性疾病

﹏❀❀ 单元一　猪瘟 ❀❀﹏

猪瘟（Classical Swine Fever，CSF）又称猪霍乱（Hog Cholera，HC），是由猪瘟病毒引起的一种高度传染性和致死性传染病，临床表现为死亡率高的急性型，或者死亡率变化不定的亚急性型、慢性型以及隐性型。世界动物卫生组织（OIE）把猪瘟定为16种A类法定传染病之一，在我国曾被列为一类动物疫病。2022年7月发布的一、二、三类动物疫病病种名录，将猪瘟调整为二类动物疫病。

【病原】猪瘟病毒属于黄病毒科，瘟病毒属，病毒粒子呈球形，有囊膜，基因组为单股RNA。与牛黏膜病病毒、绵羊边界病病毒有共同抗原性。本病毒只有一个血清型，但病毒株的毒力有强、中、弱之分。猪瘟病毒能引起猪的无临床症状的持续感染，经垂直传播的猪瘟病毒可使猪产生免疫耐受。

近年来的研究发现，牛黏膜病病毒会引起母猪繁殖障碍和仔猪死亡，并表现猪瘟症状和病变。

猪瘟病毒对外界环境有一定抵抗力，在自然干燥情况下，病毒不易存活，污染的环境如保持充分干燥和较高的温度，经1～3周，病毒即失去传染性。血毒加热至60～70℃，1h才可以被杀死。病毒在冻肉中可生存数月。尸体腐败2～3天，病毒即被灭活。2%氢氧化钠溶液、5%～10%漂白粉溶液以及5%来苏尔溶液能很快将其灭活。

【流行病学】

（1）易感性　本病仅发生于猪，各年龄、品种的猪（包括野猪）都易感。

（2）传染源　病猪和带毒猪是最主要的传染源，猪群引进外表健康的带毒猪是猪瘟暴发最常见的原因。病毒分布于病猪的各种组织和体液中，以淋巴结、脾脏和血液中含量最高。病猪由尿、粪便和各种分泌物排出病毒，屠宰时则由血液、肉和内脏散布大量病毒。部分健康猪感染猪瘟病毒后1～2天，在未出现症状前就能排毒。部分病猪康复后5～6周仍带毒和排毒。蝇类、蚯蚓、肺丝虫都可在一定时间内保存猪瘟病毒。

（3）传播途径　该病主要经扁桃体、口腔黏膜及呼吸道黏膜感染。弱毒株感染母猪

图1-1　耳部皮肤有紫红色出血斑

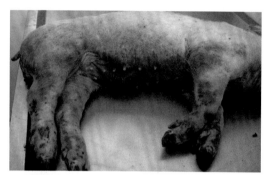

图1-2　腹下、四肢皮肤有紫红色出血斑

图1-3　结膜炎，耳部皮肤紫红色出血斑

图1-4　慢性猪瘟病猪消瘦，贫血，耳部皮肤坏死

后，病毒可以通过胎盘感染胎儿，产生弱胎、死胎、木乃伊胎，部分胎儿产出后发生先天性震颤、共济失调，存活者可发生持续性感染。

（4）传播媒介　被猪瘟病毒污染的饲料、饮水、饲养用具、运输工具、饲养及管理人员的工作服、鞋及医疗器械等都可成为传播媒介。

（5）流行特点　经过免疫的母猪所产仔猪，由于母源抗体的保护，1月龄以内很少发病，1月龄以后易感性逐渐增加。繁殖障碍型猪瘟多表现为新生仔猪发病、死亡。猪瘟病毒能引起免疫抑制，发生猪瘟时容易继发或并发猪肺疫、副伤寒等疾病。

【临床症状】潜伏期一般为5～7天，短的2天，长的可达21天。

（1）最急性型　多见于流行初期，突然发病，症状急剧，表现全身痉挛，四肢抽搐，高热稽留，皮肤和黏膜发绀，有出血斑点，经1～5天死亡。

（2）急性型　此型最为常见。发热，体温41℃左右，呈稽留热，表现为行动缓慢、头尾下垂、拱背、寒战、口渴，常卧一处或闭目嗜睡，眼结膜发炎，眼睑浮肿，有黏脓性分泌物，腹下、耳根、四肢、嘴唇、外阴等处可见紫红色出血斑（图1-1～图1-3）。病初粪干，后期腹泻，粪便呈灰黄色。公猪包皮内积有尿液，用手挤压后流出浑浊灰白色恶臭液体。哺乳仔猪也可发生急性猪瘟，主要表现神经症状，如磨牙、痉挛、角弓反张或倒地抽搐，最终死亡。

（3）亚急性型　此型常见于老疫区或流行中后期的病猪。症状较急性型缓和，病程20～30天。

（4）慢性型　主要表现消瘦，贫血，全身衰弱，常伏卧，步态缓慢无力，食欲不振，便干和腹泻交替。有的病猪在耳端、尾尖及四肢皮肤上有紫斑或坏死痂

图1-5 病猪产出死胎

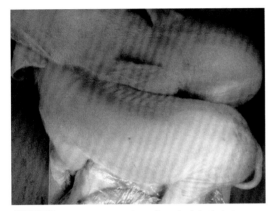

图1-6 病猪产出的弱小仔猪，皮肤有出血点

图1-7 仔猪皮肤有出血点

（图1-4）。病程1个月以上。不死亡者长期发育不良成为僵猪。

（5）温和型 病情发展缓慢，病猪体温一般为40～41℃，皮肤常无出血点，但在腹下多见淤血和坏死。有时可见耳部及尾巴皮肤坏死，俗称干耳朵、干尾巴。病程长达2～3个月。

（6）繁殖障碍型 妊娠母猪感染后，将病毒通过胎盘传给胎儿，造成流产、产死胎、木乃伊胎或产出弱小仔猪，也可能产出外表正常的仔猪，多数出生后陆续发病死亡，个别能长期存活，但呈持续感染和免疫耐受状态，成为猪场危险的传染源（图1-5～图1-7）。

【病理变化】肉眼可见病变为小血管内皮变性引起的广泛性出血、水肿、变性和坏死。

（1）最急性型 常无明显的特征性变化，一般仅见浆膜、黏膜和内脏有少量出血斑点。

（2）急性型 皮肤、浆膜、黏膜、淋巴结、心、肺、肾、膀胱、胆囊等处常有程度不同的出血变化，一般为斑点状，以肾和淋巴结出血最为常见（图1-8～图1-13）。

淋巴结肿胀、充血及出血，外表呈紫黑色，切面如大理石状。

肾脏色泽变淡，皮质部有小出血点，肾盂也可见到。

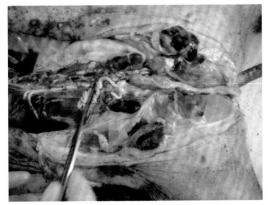

图1-8 淋巴结出血

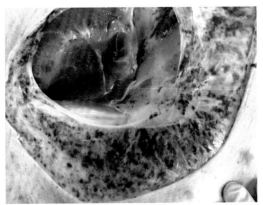

图1-9 皮下出血

图1-10 心外膜出血

图1-11 肺脏出血

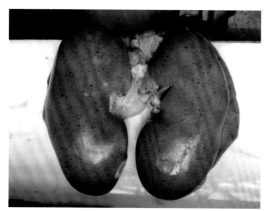

图1-12 肾脏出血点

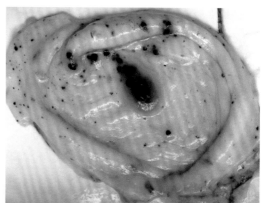

图1-13 膀胱黏膜出血

　　脾脏一般不肿大，被膜上特别是边缘常可见到隆起的红色小出血点，有30%～40%病例脾脏边缘有出血性梗死，呈紫黑色，稍突起（图1-14）。这是本病的特征性病变。

图1-14 脾脏边缘出血性梗死

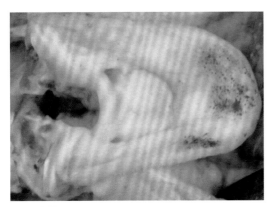

图1-15 喉头、咽部黏膜及会厌软骨出血

多数病猪两侧扁桃体出血、坏死。喉头、咽部黏膜及会厌软骨有不同程度的出血（图1-15）。

消化道病变表现在口腔、牙龈有出血点和溃疡灶；大、小肠系膜和胃肠浆膜常见点状出血，胃肠黏膜出血性或卡他性炎症（图1-16，图1-17）。

（3）亚急性型　全身出血病变较急性型为轻，但坏死性肠炎和肺炎的变化较明显。

图1-16 小肠系膜点状出血

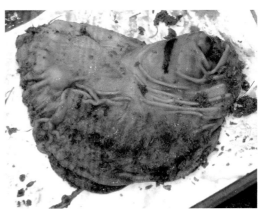

图1-17 胃黏膜出血有溃疡灶

（4）慢性型　主要表现为坏死性肠炎，盲肠、回盲瓣口处黏膜形成特征性的纽扣状溃疡（图1-18，图1-19）。全身出血变化不明显。由于钙、磷失调表现为突然钙化，从肋骨、肋软骨联合到肋骨近端常见有半硬的骨结构形成的明显横切面，该病理变化对慢性猪瘟的诊断有一定意义。

（5）温和型　病变一般较典型猪瘟轻，如淋巴结呈现水肿状态，轻度出血或不出血，肾出血点不一致，膀胱黏膜只有少数出血点，脾稍肿，有1～2处小梗死灶，回盲瓣很少有纽扣状溃疡，但有时可见溃疡、坏死病变。

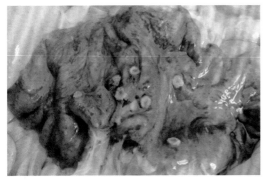

图1-18 盲肠黏膜纽扣状溃疡

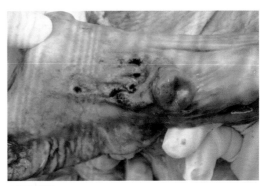

图1-19 回盲瓣口处黏膜纽扣状溃疡

（6）繁殖障碍型　可见死胎、木乃伊胎，产出弱小仔猪或颤抖仔猪，多数仔猪可见水肿，肺动脉畸形，肠系膜淋巴结串珠状肿大，肾皮质出血和出现裂缝，胸腺萎缩，皮肤和肾点状出血，淋巴结出血等（图1-20，图1-21）。

图1-20　肾皮质出现裂缝，有出血点　　　图1-21　肾皮质出现裂缝

组织学变化表现为网状内皮系统受侵害，小血管内皮细胞水肿、变性、坏死，引起出血，在血管变性区的血液迟滞，粒细胞聚于四周，最后形成梗死，因而使耳及皮肤变紫。脑有非化脓性脑炎的变化，多见于丘脑和髓质，不论生前是否有神经症状，约75%的病猪有血管套病变，这一点有诊断意义。

【诊断】猪瘟的及时诊断非常重要，稍有延误往往会造成严重损失。

（1）临床综合诊断　猪瘟的发生不受年龄和品种的限制，无季节性，抗菌药物治疗无效。免疫猪群常零星散发。病猪高热稽留，化脓性结膜炎，先便秘后下痢。初期皮肤发紫，中后期有出血点。无并发症的病例出现粒细胞减少症，血小板也显著减少。部分病猪有神经症状。全身皮肤、浆膜、黏膜和内脏器官呈现广泛的出血变化，淋巴结、肾脏、膀胱、喉头出血最常见。盲肠、结肠特别是回盲口呈纽扣状溃疡，脑有非化脓性脑炎变化。

（2）流行病学诊断　流行病学调查包括疫情调查，猪场免疫情况分析，母猪繁殖情况记录，药物治疗效果分析等。

（3）实验室诊断　目前猪瘟的实验室诊断方法较多，常用的方法有以下几种。

① 动物接种试验　主要是兔体交互免疫试验和本动物接种试验。兔体交互免疫试验的优点是能检出病料中可能存在的猪瘟病毒和兔化弱毒株，经济、实用，对猪瘟诊断确实可靠，且能予以鉴别；本动物接种试验所需时间比较长，仅用于其他诊断方法难以确诊时使用。

② 免疫荧光试验　对猪瘟病猪的检出率为90%以上。

③ 酶联免疫吸附试验（ELISA）　该方法的特点是敏感性高，可检测抗原与抗体。利用单抗ELISA可以区分强毒与疫苗弱毒感染以及混合感染产生的抗体。

④ 正向间接血凝试验　该方法敏感性和特异性都较好，可以检测抗体水平，一般认为间接血凝抗体效价在1∶16以上者能抵抗强毒攻击。

⑤ 反转录-聚合酶链式反应（RT-PCR）是目前诊断猪瘟常用的一种方法，其特点是快速、敏感，可直接检测各种猪瘟病料中的病毒RNA。

⑥ 实时荧光反转录-聚合酶链式反应　是目前猪瘟诊断国标中推荐使用的方法，比RT-PCR更快速和敏感，已在猪瘟实验室确诊中广泛使用。

【防治】

（1）治疗　尚无有效疗法。对贵重种猪，病初可用抗猪瘟高免血清治疗，同群猪可用抗猪瘟高免血清紧急预防，但治疗费用较大。

（2）平时的预防措施　加强环境控制，防止病毒侵入，切断传播途径，建立健康猪群，实行科学的饲养管理，建立良好的生态环境。

目前世界各地防治猪瘟的办法主要有两种，即采取扑杀和免疫接种为主的防控措施。前者是通过消灭传染源来防治猪瘟，后者是通过将易感猪转化为非易感猪来防治猪瘟，这两种方法对防治猪瘟都发挥了重要作用，但两种方法都没有采取及时发现和淘汰带毒猪的控制措施。猪瘟污染猪场防治的关键是定期进行病原学和血清学检测，及时发现并淘汰带毒猪。

目前有许多可供使用的猪瘟疫苗，包括著名的中国"C株"、Thiverval株，能够用于区分野毒感染和疫苗毒的标记疫苗（E2亚单位疫苗）。

中国的猪瘟兔化弱毒疫苗是世界上最好的猪瘟疫苗，已为许多国家采用，并取得了控制或消灭猪瘟的效果。该疫苗的特点是免疫原性好，接种后4～6天即可产生免疫力，免疫期可达18个月，乳猪免疫后可维持6个月，免疫确实的猪可达100%保护；安全性好，接种后无不良反应。免疫途径可肌内注射，亦可口服。

目前我国猪瘟疫苗主要有组织苗和细胞苗两大类。组织苗有脾淋组织冻干苗（脾淋苗）和乳兔组织冻干苗；细胞苗有犊牛睾丸细胞苗和猪瘟传代细胞苗。组织苗尤其是脾淋苗的免疫效果优于细胞苗。

接种猪瘟的免疫程序可根据猪场的具体情况制订。

① 在母猪经过免疫的情况下，仔猪可在30日龄第1次免疫，由于考虑到母源抗体的影响，第一次免疫用3～4倍剂量效果较好。65～70日龄进行第2次免疫；后备母猪5月龄时进行免疫；公猪、繁殖母猪每年注射猪瘟弱毒疫苗两次，繁殖母猪可与仔猪30日龄时的免疫同时进行。

② 发生过猪瘟的猪场，实施超前免疫，以使仔猪尽早建立主动免疫。然后于30日龄时再加强免疫一次。

③ 新购入仔猪，宜在七天内进行疫苗免疫接种。

（3）发病时的措施

① 疫情报告　发现猪瘟或疑似猪瘟时，养殖场户应当立即向所在地农业农村主管部门或者动物疫病预防控制机构报告，并迅速采取消毒、隔离、控制移动等控制措施。

② 处理病猪　对全场所有猪进行测温和临床检查，确诊病猪须立即无害化处理。凡被病猪污染的场地、用具和工作人员应严格消毒，防止病毒扩散。可疑病猪应予隔离。

③ 紧急预防接种　对疫区内的假定健康猪和受威胁区的猪，应立即注射猪瘟兔化

弱毒苗（最好是选用脾淋苗）。

④ 彻底消毒　病猪圈舍、垫草、粪水、吃剩余的饲料和用具均应彻底消毒。饲养用具应每隔2～3天消毒一次。

⑤ 对繁殖障碍型猪瘟的母猪及其产出的仔猪应坚决淘汰。

单元二　非洲猪瘟

非洲猪瘟（African Swine Fever，ASF）是由非洲猪瘟病毒引起的猪的急性烈性传染病。其临诊症状从急性、亚急性到慢性不等，以高热、皮肤发绀、全身内脏器官广泛出血、呼吸障碍和神经临诊症状为主要特征，发病率和死亡率几乎达100%。

据报道，本病于1914年发现于坦桑尼亚，1921年在肯尼亚发生并被确诊，截至目前曾在非洲、欧洲和美洲等六十个国家流行，只有13个国家根除了疫情。2018年我国首次报道非洲猪瘟疫情，并迅速在国内蔓延。

【病原】非洲猪瘟病毒（ASFV）为非洲猪瘟病毒科，具有虹彩病毒的外形，痘病毒的内涵。该病毒是一种二十面体对称，带囊膜的双股DNA病毒，直径172～220nm。标准的免疫学试验不能区分病毒株，但根据限制性内切酶分析能将病毒株区别，并分为不同基因型（目前已确定24个基因型）。

自然感染或人工感染此病毒均不产生典型的中和抗体，具体原因尚不明确。另一方面，除某些超强毒株感染外，康复猪能抵抗同源毒株的攻击或再感染，但不产生传统的中和抗体。

ASF病毒具有吸附猪红细胞的特性，但经细胞传代培养后，则失去这种特性，抗血清可阻断ASF病毒对猪红细胞的吸附作用。但并非所有血清型都具有此吸附特性，据此，ASF病毒可分为红细胞吸附性病毒（HV）和非红细胞吸附性病毒。

ASF病毒能在猪体内单核-巨噬细胞系统复制，但不能在T淋巴细胞中复制。体外培养时，可在猪的单核细胞、骨髓细胞和白细胞中复制，还适合生长于PK-15细胞、BHK-21细胞、MS细胞、CV细胞和Vero细胞。

非洲猪瘟病毒对温度和酸的抵抗力很强，室温干燥或冰冻数年仍存活，室温中经18个月仍能从血液和血清中分离出病毒。对高热敏感，在60℃经30min即死亡。对许多脂溶剂和常用消毒剂敏感。

【流行病学】非洲猪瘟仅发生于猪和野猪。病猪体液、各组织器官、各种分泌物、排泄物均含大量感染性病毒。ASF病毒是虫媒病毒中唯一的一个DNA病毒，猪虱以及隐嘴蜱、钝缘蜱等软蜱是主要的传播媒介，其中软蜱也是非洲猪瘟病毒的贮藏宿主。猪是病毒唯一的自然宿主。ASF病毒在软蜱和猪之间形成循环感染，使ASF在非洲很难消灭。

引起非洲猪瘟暴发的常见原因是污染的车辆、饲料、人员和物品，猪群一旦感染，传染迅速，发病率和死亡率都极高。

【临床症状】自然感染的潜伏期为3～5天，也可延长到19天，个别长达28天。ASF的临诊症状很难与猪瘟区别。根据病毒的毒力和感染途径不同，ASF可表现为最急

图1-22 病猪精神沉郁

图1-23 皮肤大面积发绀

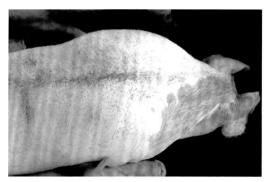

图1-24 背部有出血斑点

性、急性、亚急性和慢性四种类型。最急性型往往未见到明显临诊症状即倒地死亡。有时可见食欲消失、惊厥，几小时内即死亡。急性型表现食欲废绝，体温升高到40～40.9℃，稽留3～5天，体温下降，临死前呈深度昏迷状态，1～2天出现心跳加速，呼吸急促，皮肤出血，死亡率高。亚急性病猪精神沉郁，鼻、耳、腹肋部等部位皮肤发绀，有出血斑点（图1-22～图1-24）。时有咳嗽，眼鼻有浆液性和黏液性分泌物，后肢无力，出现短暂性的血小板、白细胞减少。慢性型特征为怀孕母猪流产、腹泻、呕吐，粪便有黏液和血液，时有呼吸改变及低病死率。

【病理变化】最急性和急性型的病理变化以内脏器官的广泛出血为特征，亚急性和慢性型则病理变化轻微，主要损害脾、淋巴结、肾和心脏。脾色泽变深、肿大及出血性梗死，此外还有严重心包积液，胸腔积液和腹水增多，淋巴结出血，切面呈大理石状，肺、胃、心脏、小肠、大肠均有出血现象，肾脏皮质、肾盂的切面也有小点出血（图1-25～图1-34）。

急性型ASF的组织学变化主要在血管壁和淋巴网状细胞系统，以内皮细胞的出血、坏死和损害以及淋巴结的滤泡周围和副皮质区，脾脏的滤泡周红髓和肝脏的Kupffer氏细胞坏死为特征。

图1-25 脾脏肿大

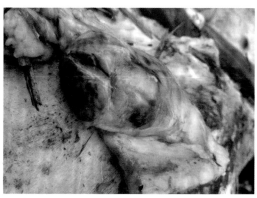

图1-26 病猪淋巴结出血

图1-27 病猪淋巴结出血

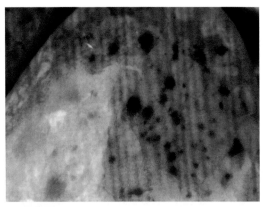

图1-28 肺出血

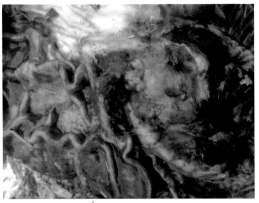

图1-29 胃黏膜出血

图1-30 肾脏肿大、出血

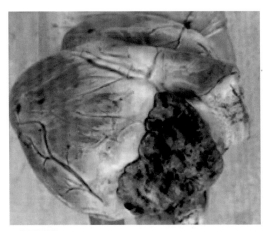

图1-31 心外膜出血

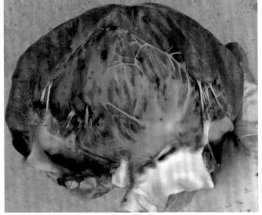

图1-32 心内膜出血

慢性ASF以呼吸道、淋巴结和脾脏的病理变化为主，包括纤维素性心包炎和胸膜炎、胸膜粘连，肺炎和淋巴网状组织增生肥大。

【诊断】ASF与其他病毒性传染病一样，可根据流行病学、临诊症状和病理剖解作出初步诊断，确诊应进行抗原检测、抗体检测和病毒分离。

图1-33　小肠出血　　　　　　　　　　　　图1-34　大肠出血

　　抗原检测方法包括琼脂扩散试验、补体结合反应、双抗体夹心ELISA、电子显微镜检查、免疫荧光技术和血吸附试验（Hemadsorption）等，常用的方法是直接免疫荧光技术和血吸附试验。

　　猪感染ASFV后7天可检出特异性的IgG抗体，抗体可在体内持续几年，因此ASFV抗体检测有特别重要的意义。常用的方法是间接免疫荧光技术、ELISA和免疫斑点试验。

　　在分子生物学诊断方面，建立了DNA原位杂交技术和PCR技术，可用于非洲猪瘟的快速诊断。

　　ASF和CSF在临床不易区分，内脏病理变化在脾脏表现有差异，ASF脾脏肿大呈紫黑色，切面凸起，CSF脾脏大小正常，但边缘有出血性梗死；CSF解剖后在胸腹腔内不积水，但ASF解剖后胸腹腔内水肿比较明显，积水比较严重。猪瘟免疫猪群出现类似急性猪瘟症状时，应怀疑非洲猪瘟。

　　加强实验室诊断，防止误诊。

　　【防治】

　　目前尚无有效的疫苗用于预防ASF，也没有有效的药物用于治疗。加强生物安全措施是目前防范ASF的唯一可采用的方法，要加强员工的生物安全知识培训，提高对ASF防控的生物安全意识；禁止从疫区引种（包括胚胎和精液）；加强车辆管控和消毒，禁止所有外来车辆进入场区；禁止疫区物品入场，包括饲料、药品、肉制品等；防范猪场周围的野猪和散养猪；注意场区及其周围的灭蜱工作；按A类动物疫病处理措施对发病场及周围的所有猪进行捕杀和处理，严控染疫猪及其产品的流通。

单元三　猪口蹄疫

　　口蹄疫（Foot and Mouth Disease, FMD）是口蹄疫病毒感染偶蹄动物引起的急性、热性、接触性传染病，以口腔黏膜、蹄部、乳房等处皮肤出现水疱和烂斑为特征，传播速度极快。本病使动物及其产品流通和国际贸易受到限制，从而造成巨大的经济损失。OIE将本病列为A类动物疫病名单之首。

【病原】口蹄疫病毒属微RNA病毒科，口蹄病病毒属，形态呈球形，无囊膜，基因组为单股RNA，有O型、A型、C型、Asia-l型（亚洲1型）、SAT1（南非1型）、SAT2（南非2型）、SAT3（南非3型）7个血清主型，80多个亚型。不同血清型的病毒感染动物所表现的临床症状基本一致，但无交互免疫性。我国主要流行O型、A型。

口蹄疫病毒在病畜的水疱液和水疱皮中大量存在，在血液及组织器官如淋巴结、脊髓、皮肤、肌肉、脑、肝、肺、肾以及分泌物、排泄物中都有存在。其中病猪和染毒而未发病的猪（潜伏期感染猪）以淋巴结和脊髓含毒量最高。

猪感染口蹄疫病毒后，首先在其咽喉部及肺部上皮细胞中贮存并不断增殖。病猪经呼吸排至空气中的病毒量相当于牛的20倍，因此有人认为在猪舍内迅速传播的主要途径是气源性感染。

对口蹄疫病毒易感的实验动物有3～5日龄新生小白鼠、1～3日龄新生家兔、200～300g体重的豚鼠、5～10日龄金黄仓鼠。

病毒对外界环境的抵抗力很强，被病毒污染的饲料、土壤和毛皮传染性可保持数周至数月。但对日光、热、酸、碱敏感，2%氢氧化钠、3%～5%福尔马林、0.5%～1%过氧乙酸、30%热草木灰水、10%新鲜石灰乳剂等常用消毒剂在15～25℃经0.5～2h能杀灭病毒。酒精、石炭酸、来苏尔、百毒杀等消毒药对口蹄疫病毒无杀灭作用。

【流行病学】

（1）易感性　自然发病的动物常限于偶蹄动物，奶牛、黄牛最易感，其次为水牛、牦牛、猪、绵羊、山羊、骆驼等，常见的野生偶蹄动物发病的有鹿、黄羊、羚羊、岩羊、野猪、大象等。

幼畜（新生仔猪、犊牛、羔羊）对口蹄疫病毒最易感，发病率100%，并引起80%以上幼畜死亡。

（2）传染源　主要传染源为患病动物和带毒动物。通过水疱液、排泄物、分泌物、呼出的气体等途径向外排散感染力极强的病毒，污染饲料、水、空气、用具和环境。屠宰后通过未经消毒处理的肉品、内脏、血、皮毛和废水而广泛传播。病猪和潜伏期猪的淋巴结、骨髓内含毒量最高，可成为猪口蹄疫的重要传递因素。

（3）传播途径　本病通常经呼吸道和消化道感染，亦能经伤口甚至完整的黏膜和皮肤感染。精液、奶汁也含有大量病毒并能传染。病毒能随风传播到50～100km以外的地方，人与非易感动物（狗、马、鸟类等）均可成为本病的传播媒介。

（4）流行特点　本病一年四季均可发生，但气温和光照强度等自然条件对口蹄疫病毒的存活有直接影响，因此本病的流行有一定的季节性，一般是冬春低温季节多发，夏秋高温季节少发。易感猪高度集中，一旦被感染则极易暴发口蹄疫。

【临床症状】口蹄疫自然感染的潜伏期为24～96h，人工感染的潜伏期为18～72h。

猪口蹄疫主要症状表现为蹄部和吻突皮肤、口腔黏膜等部位出现大小不等的水疱和溃疡，肢蹄疼痛，母猪的乳头、乳房等部位也会出现水疱（图1-35～图1-38）。

病猪表现精神不振，体温升高，厌食等症状，当病毒侵害蹄部时，蹄温增高，跛行明显，病猪卧地不能站立，严重时可导致蹄壳变形或脱落。水疱充满清朗或微浊的浆液性液体，水疱很快破溃，露出边缘整齐的暗红色糜烂面，如无细菌继发感染，经1～2周病损部位结痂愈合（图1-39，图1-40）。若蹄部继发感染，会引起蹄壳脱落，病情加重。口蹄疫对成年猪的致死率一般不超过3%。

仔猪受感染时，水疱症状不明显，主要表现为胃肠炎和心肌炎，致死率高达80%以上。妊娠母猪可发生流产。

图1-35 病猪口腔黏膜出现水疱

图1-36 病猪吻突皮肤出现水疱

图1-37 病猪肢蹄疼痛、卧地

图1-38 病猪乳房水疱化脓

图1-39 病猪肢蹄疼痛，弓背、跪卧

图1-40 蹄部溃烂

【病理变化】除口腔、蹄部或鼻端（吻突）、乳房等处出现水疱及烂斑外，咽喉、气管、支气管和胃黏膜也有烂斑或溃疡，小肠、大肠黏膜可见出血性炎症（图1-41，图1-42）。仔猪心包膜有弥散性出血点，心肌切面有黄白色或淡黄色斑点或条纹（俗称虎斑心）（图1-43）。肺淤血水肿，肝淤血肿大呈暗黑色，腹腔有少量纤维素样渗出物，腹腔液体增多（图1-44～图1-46）。

（编者注：口蹄疫病猪肺的病变很容易被误诊为传染性胸膜肺炎，腹腔的病变常被误诊为副猪嗜血杆菌病）。

图1-41　病猪舌面溃疡

图1-42　病猪舌部溃烂

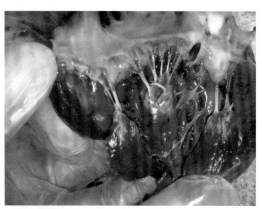

图1-43　心肌黄白色坏死性条纹（虎斑心）

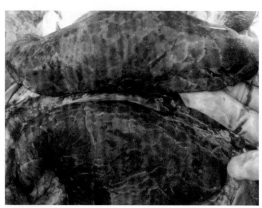

图1-44　肺淤血水肿

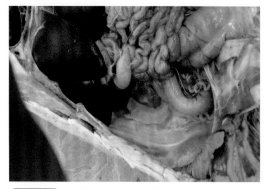

图1-45　肝淤血肿大，腹水增多

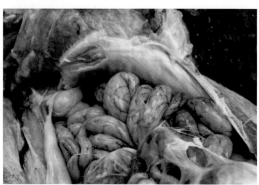

图1-46　腹腔少量纤维素样渗出物

组织学检查心肌有病灶，细胞呈颗粒变性、脂肪变性或蜡样坏死。

【诊断】根据本病流行特点、临床症状、病理变化，一般不难做出初步诊断，但要与水疱病、水疱疹、水疱性口炎相区别，必须结合实验手段进行确诊。

（1）动物接种试验　病料最好采集水疱液和水疱皮，制成悬液后接种3～4日龄乳鼠，接种后15h出现症状，表现后腿运动障碍，皮肤发绀，呼吸困难，最后因心脏停搏死亡。剖解时见心肌和后腿肌肉有白斑病变。

（2）病毒分离　将病料接种敏感细胞进行病毒分离培养，做蚀斑试验。

（3）血清学检查　血清学检查方法有补体结合试验、间接血凝试验和琼脂扩散试验、酶联免疫吸附试验（ELISA）、免疫荧光技术等。阻断夹心ELISA已用于进出口动物血清的检测。

【防治】

（1）预防　加强检疫，禁止从疫区购入动物、动物产品、饲料、生物制品等；购入动物必须进行隔离观察，确认健康方可混群；常发地区定期应用相应毒型的口蹄疫疫苗进行预防接种。

目前用于预防口蹄疫的疫苗是油佐剂灭活苗，该疫苗安全可靠，但免疫保护期较短，通常只有三个月左右。近年国内研制出了浓缩苗，免疫效果好于普通的油佐剂灭活苗。合成肽疫苗也有应用，但保护期较短。

免疫程序推荐如下（仅供参考）：

仔猪40～45日龄首免，80～100日龄二免，出栏前15～20天进行三免。

种公猪、后备公猪、后备母猪，每隔3个月免疫一次，每次肌内注射常规苗2mL/头，或肌内注射浓缩苗1～1.5mL/头。

经产母猪配种前一周、产前一个月各免疫一次。

（2）治疗　猪场发生口蹄疫后，一般不允许治疗，而应采取扑杀措施。

对于发病的贵重野生动物等，加强护理，给予柔软的垫草、充足的饮水和必要的营养，保持动物舍清洁、通风、干燥、暖和有助于机体的康复，减少损失。反复注射给药会引起更高的死亡率。

口腔、蹄部、乳房等损伤部位可用碘伏喷涂以控制感染。口腔消毒也可用冰硼散（冰片15g，硼砂150g，芒硝18g，共为末）。

（3）发生猪口蹄疫时的紧急措施　无病国家一旦暴发本病应采取屠宰病畜以消灭疫源；已消灭了本病的国家通常采取禁止从有病国家输入活畜或动物产品，杜绝疫源传入；有本病的国家或地区，多采取以检疫诊断为中心的综合措施，一旦发现疫情，应按"早、快、严、小"的原则，立即实行封锁、隔离、检疫、消毒等措施，迅速通报疫情，查源灭源，并对易感畜群进行预防接种，以及时拔除疫点。在疫点内最后一头病畜痊愈或屠宰后14天，没有出现新的病例，经全面消毒后可解除封锁。

单元四　猪圆环病

猪圆环病（Porcine Circoviruses）是由2型圆环病毒感染引起的猪的多种综合征，会引起免疫功能下降。

【病原】猪圆环病毒（Porcine Circovirus，PCV）属于圆环病毒科圆环病毒属，是已发现的动物病毒中最小的一种，基因组为单股负链环状DNA，无囊膜。根据抗原性和基因组不同，将猪圆环病毒分为三种基因型，即PCV-1、PCV-2及新发现的PCV-3。

已知PCV-1对猪无致病性，偶尔可引起怀孕母猪的胎儿感染，造成繁殖障碍，但在正常猪群及猪源细胞中的污染率却极高。PCV-2对猪的危害大，可引起一系列相关的临诊病症，其中包括断奶仔猪多系统衰竭综合征（PMWS）、皮炎肾病综合征（PDNS）、母猪繁殖障碍等，此外，还可能与增生性肠炎、坏死性间质性肺炎（PNP）、猪呼吸道综合征（PRDC）、仔猪先天性震颤等有关。PCV-2是这些病症主要的但不是唯一的病原。其中PMWS的发生不仅与感染PCV-2有关，而且与其他病原（如PPV、PRRSV及链球菌等）的混合感染或免疫应激密切相关。PRDC还涉及PRRSV、M.hyo、PRV、APP等。

2015年在美国发现了一种新的猪圆环病毒——PCV-3，该病毒与PDNS密切相关。从此猪圆环病毒家族又添一成员，对猪群的危害继续升级，引起广泛的关注。该病毒从出现病症的母猪或仔猪中分离得到，同时PCV-2检测为阴性。

2016年3月开始，国内研究人员从10个省、直辖市（安徽、重庆、福建、河北、河南、湖南、江苏、江西、辽宁和浙江）35个农场收集了222个样本（包括死胎、组织、精液和血清样本）进行鉴定。35个农场中有24个检测到PCV-3，阳性率为68.6%。全部222个样本中，PCV-2和PCV-3的阳性率分别为62.2%（138/222）和34.7%（77/222）。PCV-3和PCV-2的共感染率为15.8%（35/222），PCV-3的单独感染率为18.9%（42/222）。值得注意的是，此次研究中来自11个省份的样本均检测到PCV-3，说明其在中国已广泛存在。PCV-3可以从不同的猪组织中检测得出，死胎和精液样本中的PCV-3阳性检测结果表明PCV-3具有垂直传播的特点。

该病毒对外界环境的抵抗力极强，可耐受低至pH3的酸性环境，一般消毒剂很难将其杀灭。

【流行病学】

（1）**传染源**　PCV-2在自然界广泛存在，家猪和野猪是自然宿主，欧洲及我国猪场监测发现，100%猪场呈现血清学阳性，猪群血清阳性率高达20%～80%。病毒可随粪便、鼻腔分泌物排出体外。

（2）**易感性**　猪对PCV-2有较强易感性，各种年龄的猪均可感染，仔猪感染后发病严重。胚胎期或生后早期感染的猪，往往在断奶后才会发病，一般集中在5～18周龄，尤其在6～12周龄最多见。

（3）**传播途径**　通过消化道、呼吸道感染，也可经胎盘感染。

（4）**流行特点**　PCV-2在猪群中存在的长期性，给本病的控制带来了极大的困难，特别是PPV、PRRSV、PRV、M.hyo、副猪嗜血杆菌、链球菌等混合感染促进了本病的发生和流行。饲养管理不善、通风不良、温度不适、免疫接种应激、不同来源和不同日龄猪混养等因素可诱发仔猪发病。本病的发病率和死亡率变化很大，依猪群健康状况、饲养管理水平、环境条件及病毒类型等而定，一般在10%～20%，个别发病、死亡率可达40%。PCV-2主要侵害机体的免疫系统，单核细胞和巨噬细胞是PCV-2的靶细胞，可以造成机体的免疫抑制。本病无明显的季节性。

【PCV-2相关疾病】

（1）断奶仔猪多系统衰竭综合征（PMWS） 主要侵害6～12周龄仔猪，发病率一般为4%～10%，病死率可达50%～100%。成年猪一般为隐性感染，但可以通过各种途径排毒。猪群抗体阳性率高，在我国可达5%～83%，并且抗体阳性率随年龄增长而升高。

临床症状：患猪表现为肌肉衰弱无力、下痢、呼吸困难、黄疸、贫血、消瘦，腹股沟淋巴结肿胀明显，发病率5%～30%，死淘率5%～40%不等（图1-47，图1-48）。

眼观病变主要表现为淋巴结明显肿大，切面硬度增大，呈均匀白色；肺炎，肺脏肿胀（如间质性肺水肿），坚硬或似橡皮；肝萎缩；脾肿大及大面积梗死；胸腺萎缩；血清样胸腔积液；肾肿大，被膜下有坏死灶；结肠水肿，肠黏膜充血或淤血，胃溃疡；不同程度的肌肉萎缩（图1-49～图1-51）。

图1-47 病猪消瘦

图1-48 腹股沟淋巴结明显肿大

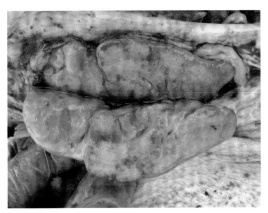

图1-49 淋巴结肿大，切面硬度增大

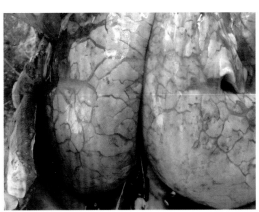

图1-50 间质性肺水肿

特征性显微病理损害表现为淋巴器官的肉芽肿和不同程度的淋巴细胞缺失，淋巴结、脾、胸腺等出现以单核细胞浸润为主要特征的炎性病理变化——淋巴滤泡萎缩；胰腺上皮萎缩，腺泡明显变小；肠绒毛萎缩，黏膜上皮完全脱落，固有层内有大量炎性细胞浸润；心肌表现不同程度的多病灶性心肌炎，有多种炎性细胞浸润。

图1-51　间质性肺水肿、血清样胸腔积液

（2）皮炎肾病综合征（PDNS）　此病通常发生于8～18周龄的猪。本病型除与PCV-2有关外，还与PRRSV、多杀性巴氏杆菌、霉菌毒素等的参与有关。发病率为0.15%～2%，有时候可高达7%。以会阴部和四肢皮肤出现红紫色隆起或斑块为主要临诊特征（图1-52～图1-54）。

患猪表现皮下水肿，食欲丧失，有时体温上升。通常在3天内死亡，有时可以维持2～3周。

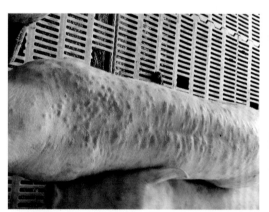

图1-52　皮肤红紫色隆起

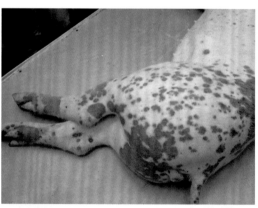

图1-53　皮肤红紫色斑块

图1-54　皮肤红紫色斑块

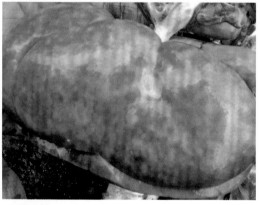

图1-55　肾肿大坏死呈花斑状

剖检可见肾肿大、苍白，有出血点或坏死点（图1-55）。病理组织学变化为出血性坏死性皮炎和动脉炎以及渗出性肾小球性肾炎和间质性肾炎，这种损伤是由免疫复合物在血管壁的沉积而引起，是Ⅲ型过敏反应的结果，并因而出现胸腔积液和心包积液。

一般病猪皮肤及肾脏都会出现病理变化，但有时只引起单一的皮肤或肾脏的病变（仅皮肤损害时，很少发生死亡）。

（3）**坏死性间质性肺炎** 此病主要危害6～14周龄的猪，与PCV-2有关，尚有其他病原参与。发病率在2%～30%之间，死亡率在4%～10%之间。眼观病理变化为弥漫性间质性肺炎，颜色灰红色，肺质地变硬，呈花斑状（图1-56，图1-57）。组织学变化表现为增生性和坏死性肺炎。

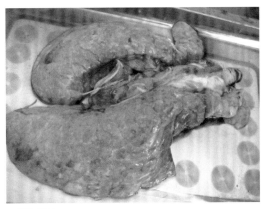

图1-56 肺质地变硬　　　　　　　**图1-57** 肺质地变硬呈花斑状

（4）**母猪繁殖障碍** 研究表明PCV-2感染可以造成繁殖障碍，导致母猪返情率增加、产木乃伊胎、流产以及死产和产弱仔等。

（5）**仔猪先天性震颤** 该病症状的严重程度差异很大，从轻微震颤到不由自主跳跃，每窝猪感染数量不等。出生后会吃乳的，一般经3周可以康复。不能吃乳的转归死亡。

【**诊断**】该病仅靠临床症状难以确诊，主要靠实验室诊断。实验室诊断方法可分为抗体和抗原检测法。

检测抗体的方法有间接免疫荧光、免疫组织化学法、酶联免疫吸附试验等。但由于PCV-1和PCV-2的同源性较高，存在一定的血清学交叉反应，所以上述方法不能鉴别PCV-1和PCV-2。随着对PCV分子生物学研究的深入，人们发现PCV-1和PCV-2的ORF2表达蛋白之间无交叉反应，利用PCV-2的ORF2表达蛋白建立的特异性ELISA，可以达到鉴别诊断PCV-2的目的。

检测抗原的方法主要有原位杂交、免疫组织化学和PCR等方法。

【**防治**】

目前国内外已研究出全病毒灭活疫苗、嵌合病毒灭活苗和基因工程亚单位苗。各个疫苗在毒株、抗原毒价及佐剂方面有很大的不同，但总体上猪群免疫后死亡率降低，整齐度提高，饲料报酬明显提高。

由于本病的发生与其他疾病密切相关，因此，加强环境消毒和饲养管理，减少仔猪应激，做好伪狂犬、猪繁殖与呼吸综合征、细小病毒病、喘气病的免疫非常重要。

单元五　猪丹毒

猪丹毒（Swine Erysipelas）是由猪丹毒杆菌引起的一种急性、热性传染病。临床特征为急性型呈败血症状，高热；亚急性型皮肤出现紫红色疹块；慢性型表现非化脓性关节炎、疣状心内膜炎和皮肤坏死。

人类也可被感染，称为类丹毒。本病几乎遍及全世界，在我国许多地区都有发生，经过多年的免疫接种，发病率逐渐减少，近年来发病有增多的趋势。

【病原】猪丹毒杆菌，又名红斑丹毒丝菌，是一种纤细的革兰阳性小杆菌。本菌不运动，不产生芽孢，无荚膜。病料中的细菌常单在、成对或成丛排列；在心内膜疣状物上，多呈不分支的长丝状（图1-58，图1-59）。

本菌为微需氧菌，能在普通营养琼脂上生长，在血液琼脂或含血清的琼脂培养基上生长更佳。在固体培养基上培养24h长出的菌落，在45°折射光下用实体显微镜观察，有光滑型（S型）、粗糙型（R型）和介于二者之间的中间型（I型）。各型的毒力差别很大，光滑型菌落的菌株毒力极强，菌落小呈蓝绿色；粗糙型菌落的菌株毒力低，菌落较大呈土黄色。中间型菌落呈金黄色，毒力介于光滑型和粗糙型之间。明胶穿刺，细菌呈试管刷状生长，不液化明胶，此为本菌特征。经琼脂扩散试验确认本菌有25个血清型，我国主要为1a和2型。

猪丹毒杆菌的抵抗力很强，在盐腌或熏制的肉中能存活3～4个月，掩埋的尸体内能存活7个多月，土壤内能存活35天。本菌对石炭酸抵抗力较强，对热敏感。常用消毒剂1%漂白粉、1%氢氧化钠、2%福尔马林、3%来苏尔等均可很快杀死本菌。丹毒杆菌对青霉素、四环素类药物敏感，对磺胺类、氨基糖苷类不敏感。

【流行病学】

（1）**易感性**　不同年龄的猪均有易感性，3个月以上的架子猪发病率最高，3个月以下和3年以上的猪很少发病。牛、羊、马、家禽、鼠类、鸽子及野鸟等也有发病报

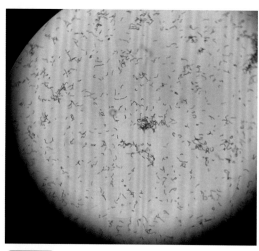

图1-58 猪丹毒杆菌（革兰染色）

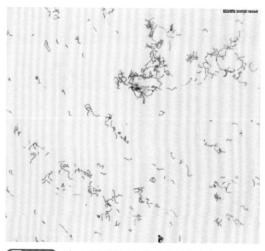

图1-59 猪丹毒杆菌长丝状（革兰染色）

道，但非常少见。人类可因创伤感染发病。

（2）**传染源**　主要是病猪，其次是病愈猪及健康带菌猪。丹毒杆菌主要存在于病猪的肾、脾和肝，以肾的含菌量最多，主要经粪、尿、唾液和鼻分泌物排到体外，污染土壤、饲料和饮水等。健康带菌猪体内的丹毒杆菌主要存在于扁桃体和回盲口的腺体处，也可存在于胆囊和骨髓。健康猪扁桃体的带菌率为24.3%～70.5%。多种禽类和水生动物体内可分离出丹毒杆菌，成为不可忽视的传染源。

（3）**传播途径**　主要通过污染的土壤、饲料经消化道感染，其次是经皮肤创伤感染。带菌猪在不良条件下抵抗力降低时，细菌可侵入血液，引起内源性感染而发病。吸血昆虫和蜱是本病的传播媒介。

（4）**流行特征**　本病的流行无明显的季节性，但在北方地区，7～9月份发病率高，秋季以后逐渐减少。环境条件的改变以及各种应激因素（如饲料突然改变、气温变化、运输等）可以诱发本病。本病常发生在闷热和暴雨之后，常为散发或地方性流行，有时也会发生暴发。

【**临床症状**】人工感染的潜伏期一般为3～5天，短的1天，长的可达7天。

（1）**急性型（败血型）**　常发生在流行初期。个别病例可能不表现任何症状而突然死亡，大多数病例有明显的症状，体温突然升至42℃以上，寒战，减食，有时呕吐，病猪虚弱，不愿走动，行走时步态僵硬或跛行。眼结膜充血，很少有分泌物。粪便干硬附有黏液，有的后期发生腹泻。发病1～2天后，皮肤上出现红色或暗红色斑，大小和形状不一，以耳后、颈、背、四肢外侧较多见，开始时指压褪色，指去复原。病程2～4日，病死率80%～90%。未死者转为亚急性疹块型或慢性型（图1-60）。

哺乳仔猪和刚断奶仔猪发生猪丹毒时，往往有神经症状，抽搐。病程多不超过1天。

（2）**亚急性型（疹块型）**　通常呈良性经过。其症状比急性型轻，其特征是皮肤上出现疹块。病初食欲减退，口渴，便干，有时呕吐，体温升高至41℃以上。发病1～2天后，在胸、腹、背、肩及四肢外侧出现疹块，初期疹块充血，指压褪色；后期淤血，呈紫红色，压之不褪。疹块呈方形、菱形、圆形或不规则形，稍突出于皮肤表面，少则几个，多则数十个（图1-61～图1-63）。疹块发生后，体温逐渐恢复正常，病势减轻，几天

图1-60　病死猪皮肤发绀

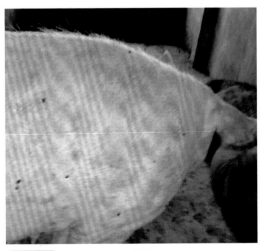

图1-61　病猪皮肤红色疹块

图1-62　病猪皮肤深紫色疹块

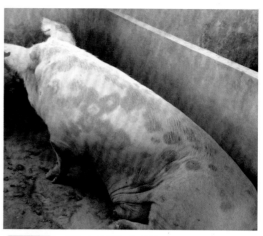

图1-63　病猪皮肤紫红色疹块

后疹块部位的皮肤下陷，颜色减退，表面结痂，经1～2周康复。如果病猪极度虚弱，也可转为败血型而死亡。

（3）慢性型　一般是由急性型或亚急性疹块型转变而来，也有原发性的。临床上表现为慢性心内膜炎、慢性关节炎、皮肤坏死三种病型。皮肤坏死一般单独发生，而关节炎和心内膜炎往往在一头病猪身上同时存在。病猪食欲无明显变化，体温正常，但逐渐消瘦，全身衰弱，生长发育不良。

① 关节炎型　常发生于腕关节和跗关节，呈多发性。初期表现为受害猪关节肿胀、疼痛，僵硬，步态强拘，甚至发生跛行。急性炎症消失后，以关节变形为主，表现为一肢或两肢的跛行或卧地不起。病猪食欲正常，但生长缓慢，体质虚弱，消瘦，病程数周至数月。

② 心内膜炎型　病猪食欲时好时坏，消瘦，不愿活动，呼吸加快，体温正常或稍高。听诊有心内杂音，心跳加快，强迫快速行走时，可突然倒地死亡。

③ 皮肤坏死型　常发生于背、耳、肩、蹄、尾等处。皮肤充血、出血肿胀、隆起、坏死、干硬呈黑色。坏死的皮肤逐渐与其下层新生组织分离，犹如一层甲壳（图1-64～图1-67）。坏死区有时范围很大，可以占满整个背部皮肤；有时只在部分耳壳、尾巴末梢和蹄发生坏死。经两三个月坏死皮肤脱落，遗留一片无毛色淡的瘢痕而痊愈。如继发感染，则病情复杂，病程延长。

图1-64　发病早期皮肤充血、出血

图1-65　病后期皮肤坏死

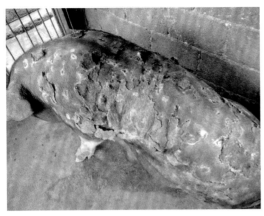

图1-66 病猪皮肤坏死

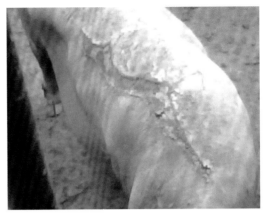

图1-67 病猪背部皮肤坏死

【病理变化】

（1）急性型 主要以败血症和皮肤出现红斑为特征。全身淋巴结发红肿大，呈浆液性出血性炎症。肝肿大，暗红色。脾充血肿大，呈樱桃红色。肾淤血肿大呈红色或暗紫红色。肺淤血、水肿。心内外膜和心冠脂肪出血，有时可见心包积液和纤维素性心包炎。胃肠道卡他性或出血性炎症，胃和十二指肠较明显（图1-68～图1-71）。

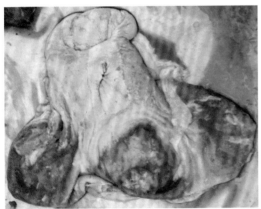

图1-68 胃黏膜出血

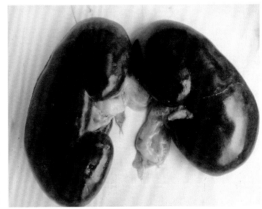

图1-69 肾淤血肿大呈暗紫红色

图1-70 肾淤血肿大

图1-71 肾髓质出血

（2）亚急性疹块型 多呈良性经过，内脏病变与急性型相似，但程度较轻，其特征为皮肤的疹块。

（3）慢性型 慢性心内膜炎常发生于二尖瓣，其次是主动脉瓣、三尖瓣和肺动脉瓣。瓣膜上有溃疡性或菜花样赘生物，牢固地附着于瓣膜上，使瓣膜变形。

慢性关节炎初期为浆液纤维素性关节炎，关节囊肿大变厚，充满大量黄色或红色浆液纤维素性渗出物，后期滑膜增生肥厚，继而发生关节变形，成为死关节。

【诊断】

（1）临床综合诊断 根据流行病学、临床症状和病理变化可作出初步诊断。

（2）细菌学诊断 急性型应采取耳静脉血、肾、脾为病料，亚急性型采取疹块部的渗出液，慢性型采取心瓣膜赘生物和患病关节液作病料。涂片、革兰染色后镜检，仍不能确诊时再进行分离培养和动物接种试验。

（3）血清学诊断 血清学诊断方法主要有血清生长凝集试验、琼脂扩散试验、荧光抗体试验、凝集试验等。

【防治】

（1）治疗 早期治疗有显著疗效。首选药物为青霉素，多西环素、土霉素、洁霉素、泰乐霉素也有良好的疗效。

（2）预防 平时要加强饲养管理，保持清洁，定期消毒，同时按免疫程序使用猪丹毒菌苗。

① 疫苗种类及使用方法 常用的疫苗有GC42和G_4T（10）弱毒菌苗以及猪丹毒氢氧化铝甲醛疫苗，免疫期均为6个月。GC42弱毒苗既可注射又可口服，7天后产生免疫力。G_4T（10）弱毒苗只能用于注射，注射后7天产生免疫力，注射后7天内，可出现食欲减退、体温升高等反应，一般经2～3天可自行恢复。猪丹毒氢氧化铝甲醛疫苗注射后14～21天产生免疫力。我国还生产猪瘟-猪丹毒-猪肺疫三联苗，肌内注射，免疫期为6个月。

② 免疫程序 仔猪在60日龄前后进行第一次免疫接种，以后每隔6个月免疫1次。在常发地区或猪场，3月龄时进行二免。

种猪每隔6个月进行一次免疫接种，一般在春秋两季进行。配种后20天以内的母猪、妊娠后期母猪和哺乳母猪不能接种。

在接种弱毒疫苗前3天和后7天内严禁使用猪丹毒杆菌敏感的抗菌药物。

（3）发病后措施 立即对全群猪测体温，及早检出病猪。病猪隔离治疗，死猪应深埋或烧毁。与病猪同群而未发病的猪，注射青霉素进行药物预防。待疫情扑灭后，进行一次大消毒，并注射菌苗以加强免疫。及早淘汰慢性病猪，以减少经济损失，防止带菌传播。

（4）公共卫生 人感染猪丹毒杆菌称为类丹毒，多发生于兽医、屠宰工人、渔民和厨房工人，是由于处理猪丹毒病猪及其废物、加工鱼类及野生动物体时，不幸受伤而感染。因此处理和加工上述物品时，应注意个人防护和消毒，不准食用未经高温处理的病猪肉和内脏。

单元六 猪链球菌病

猪链球菌病（Swine Streptococcus）是由几个血清群的链球菌引起的一种传染病。其特征是急性病例表现为出血性败血症和脑膜炎、化脓性淋巴结炎；慢性病例表现为关节炎、心内膜炎及组织化脓性炎。

【病原】链球菌，呈链状排列的革兰阳性球菌（图1-72）。不形成芽孢，有的可形成荚膜，多数无鞭毛，只有D群某些链球菌有鞭毛。

本菌为需氧或兼性厌氧菌。多数致病菌的生长要求较高，在普通琼脂上生长不良，在加有血液及血清的培养基中生长良好。

根据链球菌在血液培养基上的溶血特性，分为α、β、γ三型，引起猪发病的多为β链球菌（溶血性链球菌）。

按抗原结构（C多糖），将链球菌分为A～V（无I、J）20个血清群，引起猪链球菌病的主要是C群、D群、E群和L群。

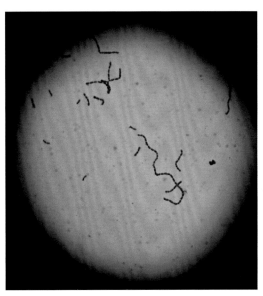

图1-72 液体培养基中的猪链球菌

依据细菌荚膜多糖（CPS）不同将链球菌分为35个血清型，即1/2型和1～34型，其中2型链球菌致病性强，也是临床分离频率最高的血清型，其次为1型、9型和7型。猪链球菌2型又分为致病力不同的菌株，各菌株含有的毒力因子不同，引起不同的病型，有的菌株无致病力。

链球菌可产生多种毒素和酶（溶血素O、溶血素S、红疹毒素、链激酶、链道酶、透明质酸酶）引起致病作用。

本菌对外界环境抵抗力较强，对干燥、低温都有耐受性，青霉素等抗菌药和磺胺类药物对其有杀灭作用。对一般消毒剂敏感。

【流行病学】

（1）易感性 猪的易感性较高，各种年龄的猪都可感染发病，以新生仔猪、哺乳仔猪的发病率和病死率高，多为败血症型和脑膜炎型，其次为保育猪、生长肥育猪和怀孕母猪，以化脓性淋巴结炎型多见。

（2）传染源 病猪、临床康复猪和健康带菌猪均可成为传染源。

（3）传播途径 本病可经呼吸道和消化道传播，病猪与健康猪接触或病猪排泄物（尿、粪、唾液等）污染饲料、饮水、用具等，引起猪只大批发病而流行。伤口是重要的传播途径，新生仔猪可通过脐带感染，阉割、注射时消毒不严，常造成本病发生。

　　流行特点本病流行无明显的季节性，但在空气湿度较大的季节多发。一般呈地方流行性，本病传入之后，往往在猪群中陆续出现。

【临床症状】

　　（1）败血症型　流行初期常有最急性病例，病猪不表现任何症状即突然死亡。急性型病例，常见精神沉郁，体温41℃左右，稽留热，减食或不食，眼结膜潮红，流泪，有浆液性鼻液，呼吸浅而快。少数病猪在病的后期，耳、四肢下端、腹下皮肤发绀，有紫红色、蓝紫色或出血性斑，有的病猪跛行（图1-73，图1-74）。病程2～4天。

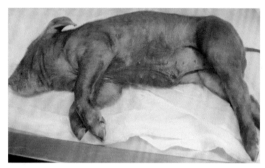

图1-73　皮肤发绀呈蓝紫色　　　　图1-74　皮肤发绀呈蓝紫色

　　（2）脑膜脑炎型　多见于仔猪，病初体温升高，不食，便秘，有浆液性或黏液性鼻液，继而出现神经症状，运动失调，转圈，空嚼，磨牙，或突然倒地，口吐白沫，四肢呈游泳状划动，甚至昏迷不醒。部分病猪表现多发性关节炎或头颈部水肿。病程1～2天。

　　（3）化脓性淋巴结炎型　多见于下颌淋巴结，其次是咽部和颈部淋巴结（图1-75，图1-76）。淋巴结肿胀、坚硬，有热痛，可影响采食、咀嚼、吞咽和呼吸。有的咳嗽，流鼻液。待脓肿成熟，肿胀中央变软，皮肤坏死，自行破溃流脓，脓汁绿色、黏稠、无臭味。该病型呈良性经过。

　　（4）关节炎型　由前两型转来，或者从发病起即呈关节炎症状，表现一肢或几肢关节肿胀，疼痛，跛行，甚至不能站立，病程2～3周（图1-77，图1-78）。

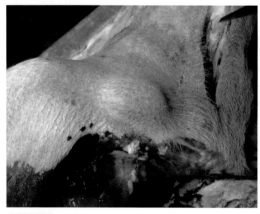

图1-75　病猪咽淋巴结化脓　　　　图1-76　病猪下颌淋巴结脓肿

图1-77　病猪关节变形、跛行

图1-78　病猪跗关节肿胀

此外，链球菌还可引起猪的脓肿、子宫炎、乳腺炎、咽喉炎、心内膜炎及皮炎等。

【病理变化】

（1）急性败血型　以出血性败血症病变和浆膜炎为主。皮肤呈弥漫性潮红或紫斑，血液凝固不良，全身淋巴结不同程度地肿大、充血和出血（图1-79，图1-80）。胸腹腔液体增多，含纤维素性渗出物。心包积液，淡黄色，有时可见纤维素性心包炎（图1-81）。心内膜有出血斑点，心肌呈煮肉样。肺充血肿胀，喉头、气管充血，内含大量泡沫（图1-82）。脾明显肿大，呈暗红色或紫黑色，少数病例可见脾边缘有黑红

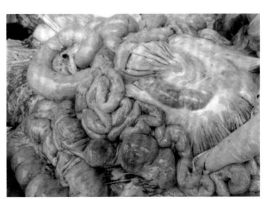

图1-79　肠系膜淋巴结肿大、出血

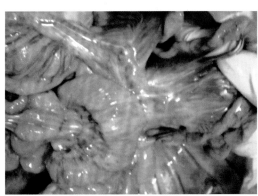

图1-80　肠系膜淋巴结肿大

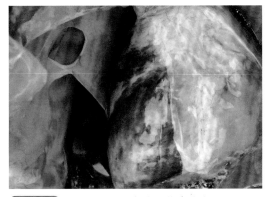

图1-81　心肌出血，心包有纤维素渗出

图1-82　肺淤血水肿

色出血性梗死区（图1-83）。肝肿大，胆囊水肿，囊壁增厚。肾稍肿大，充血，偶有出血（图1-84，图1-85）。脑膜有不同程度的充血，偶有出血。

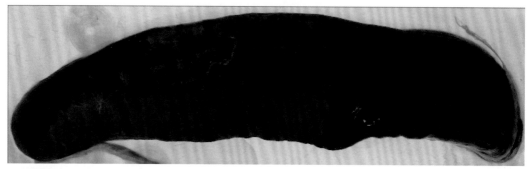

图1-83 脾脏肿大紫黑色

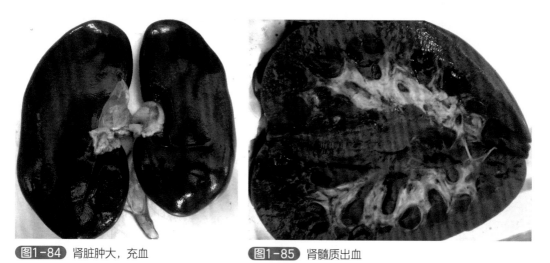

图1-84 肾脏肿大，充血

图1-85 肾髓质出血

（2）脑膜脑炎型　脑膜充血、出血，脑脊髓液混浊，有多量的粒细胞，脑实质有化脓性脑炎变化（图1-86，图1-87）。其他病变类似败血型。

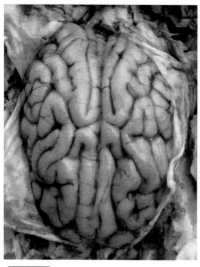

图1-86 脑血管充血

图1-87 小脑化脓灶

（3）关节炎型　关节囊内有黄色胶冻样液体或纤维素性脓性物质。

（4）心内膜炎型　心瓣膜增厚，表面粗糙，常在二尖瓣、三尖瓣、主动脉瓣和肺动脉瓣有菜花样赘生物（图1-88，图1-89）。

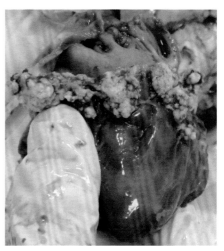

图1-88　房室瓣菜花样赘生物（亦见于猪丹毒）　　图1-89　房室瓣菜花样赘生物

【诊断】淋巴结脓肿型，症状单一而较特殊，容易作出初步诊断。其他各型症状和病变复杂，无明显特征，容易与其他疾病混淆，需进行实验室检查才能确诊。

（1）实验室检查　采取病料涂片、染色镜检；将病料接种于血液琼脂培养基分离培养细菌；生化试验及动物接种试验等。

（2）鉴别诊断　注意与猪丹毒、李氏杆菌病等鉴别。

【防治】

（1）治疗　将病猪隔离，按不同病型进行相应治疗。

① 淋巴结脓肿型　待脓肿成熟变软后，及时切开，排出脓汁，用3%双氧水或0.1%高锰酸钾溶液冲洗后，涂碘酊。

② 败血症型及脑膜脑炎型　早期大剂量使用抗菌药物有一定疗效，如青霉素、庆大霉素、喹诺酮类、磺胺类、氟苯尼考及四环素类药物等。重症病猪配合应用皮质激素。

（2）预防

① 隔离病猪，清除传染源。带菌母猪尽可能淘汰，污染的用具和环境彻底消毒。急宰或宰后发现可疑病变者，应进行高温无害化处理。

② 防止发生创伤及创口感染。清除猪舍中的尖锐物，新生仔猪应无菌结扎脐带，并用碘酊消毒。

③ 免疫预防。使用本场分离菌株制备的链球菌灭活苗有一定的效果，非本场菌株制备的疫苗效果难以确定。

④ 药物预防。猪场发生本病后，可在饲料中添加抗菌药物进行预防，以控制本病的发生。仔猪三针保健方案（1日龄、7日龄、断奶前后分别注射长效抗菌药物）对防止仔猪发生链球菌病有很好的效果。

⑤ 公共卫生　猪链球菌能引起人的败血症，主要通过伤口，也可以通过消化道感染。在处理病猪及尸体时应注意个人防护。

❖❖ 单元七 李氏杆菌病 ❖❖

　　李氏杆菌病（Listeriosis）是由产单核细胞李氏杆菌引起畜、禽、啮齿动物和人的一种散发性传染病。临床特征为家畜和人感染后主要表现为脑膜炎、败血症和孕畜流产；家禽和啮齿动物则表现为坏死性肝炎和心肌炎。此外，还能引起单核细胞增多。本病是一个很常见的病，但没有引起重视，通常被诊断为猪链球菌病。

　　【病原】产单核细胞李氏杆菌是革兰阳性的小杆菌，在抹片中单在，或两菌呈"V"形排列，无荚膜，无芽孢，有鞭毛（图1-90，图1-91）。在血琼脂平板上生长良好，形成露滴状小菌落，有β溶血。现在已知的有13个血清型和11个亚型。

　　本菌抵抗力不强，在土壤、粪便中可存活数月。对食盐耐受性较强，在20%食盐溶液中存活很长时间。65℃经30～40min才能灭活，巴氏消毒法和一般消毒剂可将其杀死。对氨苄青霉素、链霉素、硫酸新霉素、四环素和磺胺类药物敏感。

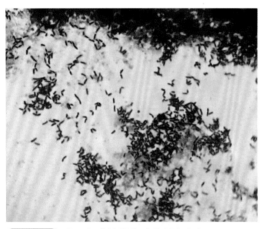

图1-90 李氏杆菌培养物（革兰染色）

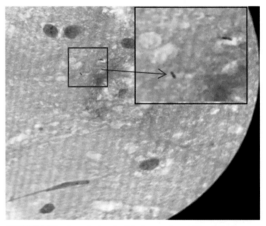

图1-91 李氏杆菌（脑组织触片，美兰染色）

　　【流行病学】

　　（1）易感性　本菌可致多种畜禽发病。哺乳动物中以绵羊、家兔、猪较多，牛、山羊次之，马、犬、猫很少；在家禽中以鸡、火鸡、鹅较多，鸭较少；啮齿动物特别是鼠类也易感，且常成为该菌在自然界中的贮存宿主。各种年龄动物都可感染发病，以幼龄较易感，发病急，妊娠母畜也易感染。人也可以感染发病。

　　（2）传染源　患病动物和带菌动物是本病的传染源。可从粪、尿、乳汁、流产胎儿、子宫分泌物、精液、眼鼻分泌物以及污水、土壤、垃圾中分离到该菌。

　　（3）传播途径　主要经消化道感染，也可能通过呼吸道、眼结膜及受损伤的皮肤感染。易感猪接触污染的饲料和饮水可能是主要的传播途径，吸血昆虫也起媒介作用。

　　（4）流行特点　呈散发，偶尔呈暴发流行，病死率很高。主要发生于冬季或早春，冬季缺乏青饲料，天气骤变以及内寄生虫或沙门菌的感染等都是本病发生的诱因。

【临床症状】分为败血型、脑膜脑炎型、脊髓炎型和混合型。

（1）**败血型** 多发生于仔猪，表现体温升高，精神沉郁，食欲减少或废绝，口渴；有的表现全身衰弱，僵硬，咳嗽，腹泻，皮疹，呼吸困难，耳部和腹部皮肤发绀。病程1～3天，病死率高。妊娠母猪常发生流产。

（2）**脑膜脑炎型** 多发生于断奶后的猪，也见于哺乳仔猪。表现初期兴奋，共济失调，步态不稳，肌肉震颤，无目的地乱跑，在圈舍内转圈跳动，或不自主地后退，或以头抵地不动；有的头颈后仰，两前肢或四肢张开呈典型的观星姿势，或后肢麻痹拖地不能站立。严重的侧卧，抽搐，口吐白沫，四肢乱划，病猪反应性增强，给予轻微刺激就发生惊叫（图1-92，图1-93）。病程1～3天，有的可达4～9天。仔猪病死率很高，成年猪可能耐过。

图1-92 病猪神经症状、共济失调

图1-93 病猪神经症状、游泳状

（3）**脊髓炎型** 多发生于保育猪和育肥猪，以突发性后躯瘫痪为主要表现，初期无脑神经症状，前肢能够自主运动，后躯瘫软无力，很快发展为后躯完全性瘫痪，感觉消失，后肢拖地不能运动（图1-94，图1-95）。排尿问题由尿潴留转为尿失禁。病程2～3天，多以死亡为转归。

（4）**混合型** 多发生于哺乳仔猪，常突然发病，病初体温高达41～42℃，吮乳减少或不吃，粪干尿少，中、后期体温降到常温或常温以下。多数病猪表现脑膜脑炎症状。

图1-94 病猪后躯瘫痪

图1-95 病猪后躯瘫痪

【病理变化】

（1）败血型　除见一般的败血症病变外，主要的特征性病变是局灶性肝坏死（图1-96，图1-97）。其次，在脾脏、淋巴结、肺脏、肾脏、心肌、胃肠道和脑组织中也可发现较小的坏死灶或淤血水肿（图1-98～图1-100）。镜检，坏死灶中细胞被破坏，并有单核细胞和嗜中性粒细胞浸润。

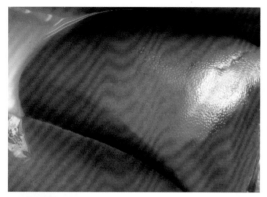

图1-96　局灶性肝坏死

图1-97　局灶性肝坏死

图1-98　肾脏边界不清的坏死灶

图1-99　肾脏边界不清的坏死

（2）**脑膜脑炎型**　可见脑膜和脑实质充血、水肿，脑髓液增多，稍显浑浊，内含较多的细胞成分（图1-101）。脑干，特别是脑桥、延髓和脊髓变软，有小的化脓灶。镜检见脑软膜、脑干后部，特别是脑桥、延髓和脊髓的血管充血，血管周围有以单核细胞为主的细胞浸润，还可能发生弥漫性细胞浸润和细微的化脓灶，而组织坏死则较少，浸润区的神经细胞被破坏。

图1-100　肺淤血水肿

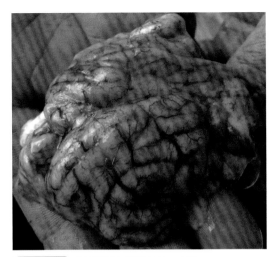

图1-101 脑膜和脑实质充血、水肿

图1-102 脊髓中央灰质部出血

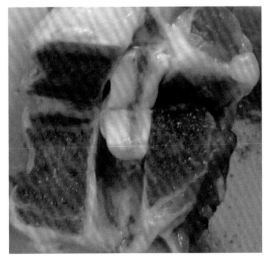

图1-103 脊髓中央灰质管出血

（3）脊髓炎型 内脏无明显可见的病变，解剖脊髓会发现脊髓中央灰质部出血（图1-102，图1-103）。

流产母猪可见子宫内膜充血以致广泛坏死，胎盘常见出血和坏死。

【诊断】根据临床症状、病理变化和细菌学检查即可作出诊断。

（1）诊断要点 病猪表现脑膜脑炎的神经症状，血液中单核细胞增多，孕猪流产；剖检见脑及脑膜充血、水肿，肝有小坏死灶。脑组织切片可见有以单核细胞浸润为主的血管套和微细的化脓灶等病变，可作初步诊断，确诊需做细菌分离培养和动物接种试验。

（2）动物接种试验 取幼兔或豚鼠1只，用本菌的24h肉汤培养物1滴，滴入动物一侧结膜囊内，另一侧为对照，观察5天。一般在接种24～26h内，出现化脓性结膜炎。也可取0.5mL细菌悬液（3×10^8个/mL），于幼兔耳静脉注射，3～5天内，幼兔血液内的单核细胞可上升到40%以上。小鼠接种时，可选择10～20g小鼠1只，取0.2mL肉汤培养物于腹腔注射，在5天内将其杀死，可发现其肝、脾有坏死灶，如进行分离培养可检查到本菌。

【防治】

（1）治疗 抗菌药物可选用青霉素类、头孢菌素类、氨基糖苷类和磺胺类。

（2）预防 加强饲养管理，搞好环境卫生。减少各种潜在性应激因素，加强营养，控制寄生虫感染，使动物保持高水平的抗感染能力。病畜隔离治疗，消毒畜舍、环境，处理好粪便。

（3）公共卫生 人对李氏杆菌有易感性，应注意防护。成年人表现为突然发病，发热，单核细胞增多，剧烈头痛，恶心呕吐，颈部强直；新生儿出生后即可发病，呼吸急促，结膜发绀，呕吐，抽搐，叫喊；孕妇流产。

单元八　猪附红细胞体病

　　猪附红细胞体病是由猪附红细胞体（猪嗜血支原体）引起的一种以贫血、黄疸、发热为主要临床特征的传染病。常与其他猪病混合感染，表现多种临床症状，是严重影响养猪业的传染病之一。

　　【病原】猪附红细胞体，根据病原的结构特征和16SrRNA序列，近来被重新分类为柔膜细菌家族的成员，称作猪嗜血支原体。

　　猪嗜血支原体呈椭圆形，直径0.2～2μm，能够黏附到红细胞膜的表面，被寄生的红细胞变形，细胞膜皱缩，呈现芒星状、锯齿状或者不规则状，也可围绕在整个红细胞上（图1-104，图1-105）。嗜血支原体在红细胞上以直接分裂及出芽方式进行裂殖，不能用无细胞培养基培养，也不能在血液外组织繁殖。

　　嗜血支原体对苯胺染料易于着染，革兰染色阴性，姬姆萨染色呈紫红色，瑞氏染色为淡蓝色。在油镜下，调节微调螺旋时折光性较强，嗜血支原体中央发亮，形似空泡。

　　嗜血支原体对干燥、热和化学消毒剂抵抗力较弱，对低温有一定的抵抗力，可用10%甘油、10%马血清于-70℃保存。嗜血支原体对青霉素类不敏感，而对多西环素敏感。

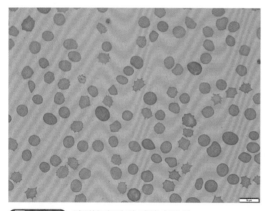

图1-104 猪附红细胞体感染血涂片

（迪夫快速染色，可见红细胞周边的病原体和数量较多的幼稚型红细胞）

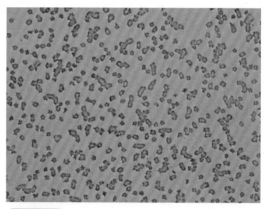

图1-105 猪附红细胞体感染血涂片（直接镜检）

　　【流行病学】

　　（1）易感性　嗜血支原体寄生的宿主有猪、马、牛、兔、羊、狐、水貂、美洲驼、犬、鸡、猫和人等。虽然多种动物易感，但嗜血支原体有相对的宿主特异性。野猪对嗜血支原体不易感，对家猪来说，各年龄段猪均易感，仔猪的发病率和病死率较高。

　　（2）传染源　病猪和带嗜血支原体的猪是主要传染源。有报道指出嗜血支原体可长期寄生于动物体内，病愈后的动物可终身带毒。免疫防御功能健全的猪体内可能有嗜血支原体寄生，通常嗜血支原体和猪之间能保持一种平衡，其在血液中的数量保持相当低的水平，当猪受到强烈应激时才表现出明显的临床症状。血清学阴性的猪也可能携带猪嗜血支原体并传给其他猪。

（3）传播途径　本病的传播途径尚不完全清楚。吸血昆虫如蚊子、厩蝇、虱子等叮咬被认为是一种主要的传播方式；摄食血液或含血的物质（如舔食断尾的伤口，被血污染的尿或互相斗殴）以及使用被污染的医疗器械可以引起血源性传播；通过胎盘垂直传播导致乳猪死亡率升高；交配时，公猪可通过被血污染的精液传染给母猪。

（4）流行特点　本病的隐性感染率极高，常达90%以上。引起机体抵抗力下降的各种因素以及其他传染病会导致本病暴发，如极端的天气条件（过冷、过热及昼夜温差过大的季节），猪繁殖与呼吸综合征是本病的重要诱因。

【临床症状】在人工感染的切除脾脏的猪中，本病的潜伏期平均为7天。

（1）母猪　怀孕母猪在临产前后发生急性感染，表现厌食、发热（40～41.7℃），乳房以及外阴部水肿，被毛黄染，毛孔有棕色的出血点，严重的会导致流产。围产期母猪虚弱，产乳量低。所产仔猪腹泻、发育不良，呈贫血状态，以致仔猪成活率极低。母猪分娩后逐渐痊愈。

慢性感染母猪可表现繁殖障碍，如不发情或发情延迟，受胎率低，产弱仔等。

（2）哺乳仔猪　表现为皮肤和黏膜苍白，黄疸，发热，体质虚弱，腹泻。哺乳前期，虽然通过注射铁剂以补充铁质，但仔猪仍然呈贫血状态。发病后1至数日死亡，或抵抗力降低而易染其他疾病，一旦继发或混合感染损失更加严重。

（3）断奶仔猪　断奶应激、互相殴斗、饲料更换均可诱发急性临床型嗜血支原体病。病猪主要表现为皮肤和黏膜苍白，黄疸，发热，精神沉郁，食欲不振，常因继发其他疾病而死亡（图1-106，图1-107）。

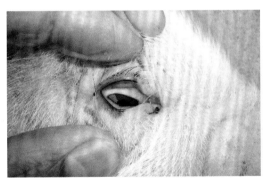

图1-106　眼结膜、皮肤黄染

图1-107　病猪皮肤黄染

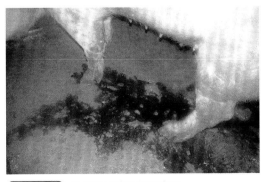

图1-108　急性期病猪血红蛋白尿

（4）生长-肥育猪　发病初期皮肤潮红，耳部最明显，耳朵表皮易脱落。发热、体温高达40℃以上，精神萎靡，食欲不振。粪干，出现血红蛋白尿，尿黄或渐呈茶色（图1-108～图1-110）。慢性病猪表现皮肤苍白，消瘦，有时出现麻疹样皮肤变态反应。发病率高而死亡率低。

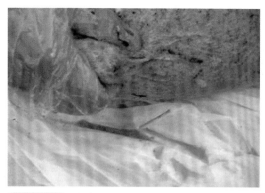

图1-109　病猪尿液深黄色

图1-110　病猪尿液黄色

【病理变化】急性期剖检可见淋巴结肿大、潮红。肺水肿淤血（图1-111，图1-112）。肝、脾肿大，胆汁黏稠呈泥沙样（图1-113，图1-114）或膏状。肾肿大，质地脆弱。膀胱内尿液呈茶色（图1-115）。

病程较长的可见皮肤毛孔处有黄色或红褐色渗出物（图1-116）。皮肤、黏膜、浆膜苍白或黄染，皮下组织弥漫性黄染（图1-117，图1-118）。血液稀薄（图1-119），心肌苍白松软（图1-120）。肾肿大，黄染，质地脆弱。肝肿大、脾肿大有梗死，肝呈土黄色或棕黄色（图1-121，图1-122）。胆囊内有浓稠的胆汁。肺脏呈暗红色，切面有大量渗出液，表面有灰白色坏死灶。全身淋巴结肿大、棕黄色或黄褐色。胸腔、腹腔及心包积液。

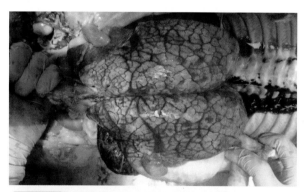

图1-111　肺水肿

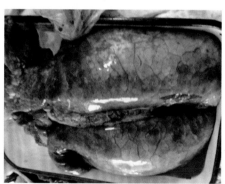

图1-112　肺淤血

图1-113　胆囊内充满浓稠胆汁

图1-114　泥沙样胆汁

图1-115 膀胱内茶色尿

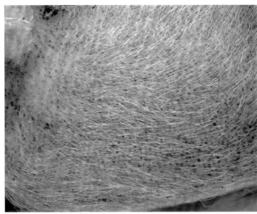

图1-116 毛孔有红褐色渗出物

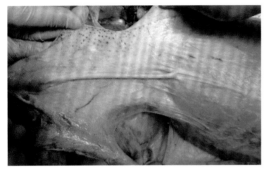

图1-117 皮下组织黄染

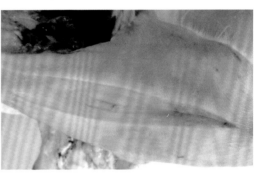

图1-118 皮下水肿并黄染

图1-119 血液稀薄

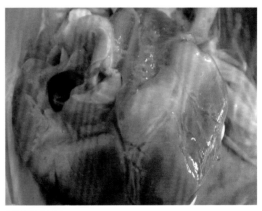

图1-120 心肌松软

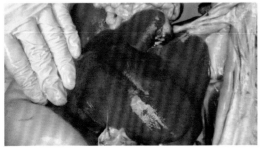

图1-121 肝呈土黄色

图1-122 脾脏显著肿大有梗死

【诊断】本病根据临床症状，发热，贫血，黄疸，尿黄或茶色尿，反应迟钝，耳廓边缘变色，剖检见脾脏肿大、胆汁黏稠以及黄疸等病变可做出初步诊断。确诊需依靠实验室检查。

直接镜检是当前主要的实验室诊断方法，可以检查嗜血支原体的存在以及感染程度，包括鲜血压片和涂片染色。嗜血支原体呈椭圆形，其寄生的红细胞呈菠萝状、锯齿状或不规则状。血片经瑞氏染色或迪夫染色法能够识别红细胞表面的附红细胞体，红细胞呈淡紫红色，附红细胞体呈淡蓝色。

另外，补体结合试验、间接血凝试验、荧光抗体试验、酶联免疫吸附试验以及聚合酶链式反应等也可用于本病的诊断。

【防治】

（1）治疗　针对病原体的治疗，常用的治疗药物可选用抗菌药如四环素类、林可胺类、氟喹诺酮类、抗血液原虫类药物（贝尼尔、咪唑苯脲、磷酸伯氨喹啉等）、砷制剂（对氨基苯胂酸等）。发热猪给以退热药，并配合葡萄糖、多维素饮水，临床治疗效果较好。若病猪伴发其他疾病的混合感染，应给予相应的治疗，从而降低病死率，减少经济损失。

（2）预防　预防本病要采取综合性措施，尤其要驱除媒介昆虫，做好针头、注射器以及伤口等的消毒，消除各种应激因素；将四环素类药或砷制剂等混于饲料中，可预防本病。对猪只进行定期血液检查，可以了解猪场内该病的感染情况，以便及时采取有效措施进行控制，减少损失。

单元九　破伤风

破伤风是由破伤风梭菌经伤口感染后，产生外毒素而引起的一种急性、中毒性传染病。以骨骼肌持续性痉挛和对刺激反射兴奋性增高为特征。

【病原】破伤风梭菌，是一种大型厌氧性革兰阳性杆菌，多单个存在。本菌在动物体内外均可形成芽孢，其芽孢在菌体一端，似鼓槌状或球拍状，多数菌株有周鞭毛，能运动（图1-123）。不形成荚膜。

破伤风梭菌在动物体内和培养基内均可产生几种破伤风外毒素，最主要的为痉挛毒素，是一种作用于神经系统的神经毒素，动物特征性强直症状主要由它引起，是仅次于肉毒梭菌毒素的毒性第二强的细菌毒素。它是一种蛋白质，对热较敏感，65～68℃经5min即可灭活，

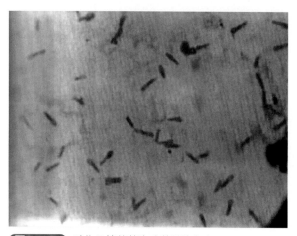
图1-123　破伤风梭菌芽孢（革兰染色）

通过0.4%福尔马林脱毒21～31天，变成类毒素。其他毒素如溶血毒素和非痉挛毒素，在本病的致病作用上意义不大。

本菌繁殖体抵抗力不强，一般消毒剂均能在短时间内将其杀死，但芽孢抵抗力强，在土壤中可存活几十年。

【流行病学】

（1）易感性　各种家畜均有易感性。易感动物中不分品种、年龄、性别均可发生。实验动物以豚鼠最易感，次为小鼠，家兔有抵抗力。人的易感性也很高。

（2）传染源及传播途径　破伤风梭菌广泛存在于周围环境中，有创伤才能引起感染。猪多由阉割引起，其他各种创伤，断尾、断脐等也可能发生感染。有些病例，见不到伤口，可能是伤口已愈合或经子宫、消化道黏膜损伤而感染。

（3）流行特点　本病多为散发，无明显的季节性。

【临床症状】潜伏期一般1～2周。表现不能进食，肌肉僵硬、痉挛。一般从头部肌肉开始，病猪瞬膜外露，牙关紧闭，流涎，叫声尖细。应激性增高，四肢僵硬后伸，赶行以蹄尖着地，呈奔跳姿势，出现强直痉挛症状。病情发展迅速，1～2天症状完全出现。随后，患猪行走困难，耳朵直立，尾向后伸直，头部微仰，最后不能行走，骨骼肌肉触感很硬。患猪呈角弓反张式侧卧，胸廓和后肢强直性伸张，直指后方。突然外来的感觉刺激如触摸、声音或可见物的移动，可使痉挛增强。后期呼吸困难，口鼻有时有白色泡沫。病程长短不一，通常1～2周，在病畜应激性不高的情况下，表现口松、涎少，体温趋于正常。病程发展较缓慢，可能度过两周，多数可治愈。反之，则病死率极高。

【病理变化】病畜死亡后无典型有诊断价值的病理变化。仅在黏膜、浆膜及脊髓等处有小出血点。四肢和躯干肌间结缔组织有浆液浸润。病猪由于窒息死亡时，血液凝固不良呈黑紫色，肺脏充血及水肿，有的表现异物性坏疽性肺炎。

【诊断】根据本病的特征性症状，并结合创伤史，即可确诊。

【防治】

（1）治疗　按照消除病原、镇静解痉、中和毒素和加强护理的原则进行治疗。

（2）预防　防止外伤感染，新生仔猪的脐带以及去势和手术部位要严格消毒。

将病猪安放在安静、光线柔和的室内，以减少刺激，这是很重要的措施。

对病猪局部创伤进行处理，必要时可将创口扩大，用3%双氧水或0.1%高锰酸钾液冲洗干净，再撒入碘仿硼酸合剂，也可用$4×10^5$IU青霉素，每天1次。创伤周围用青霉素作分点注射。

破伤风抗毒素$1×10^5$～$3×10^5$IU，加入5%葡萄糖液500mL，静脉滴注，也可肌内注射$2×10^5$～$3×10^5$IU，分3次或一次全剂量注入。

镇静解痉可选用25%硫酸镁注射液静注，氯丙嗪注射液肌内注射或静注，静松灵肌内注射，水合氯醛25～50g灌肠或配成10%浓度静脉注射100mL。

破伤风病猪没有治疗价值，通常作淘汰处理。

❦ 单元十　弓形虫病 ❦

弓形虫病是由龚地弓形虫引起的一种人畜共患的原虫病，该病多呈隐性感染。以患病猪的高热、呼吸困难、腹泻、皮肤出现红斑及神经症状、死亡和妊娠母猪的流产、死胎、胎儿畸形为特征。广泛流行于人、畜及野生动物中。

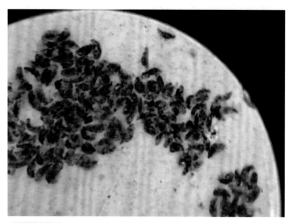

图1-124　腹水中的弓形虫滋养体（瑞-姬氏染色，1000倍）

【病原】龚地弓形虫，只此1种，但有不同的虫株。全部发育过程有5个阶段，即5种虫型，各个阶段形态各异，滋养体（速殖子）和包囊出现在猪或其他动物（中间宿主）体内，裂殖体、配子体和卵囊出现在猫（终末宿主）体内（图1-124）。

【流行特点】弓形虫生活史比较复杂，全过程需要两个宿主，猫是弓形虫的终末宿主兼中间宿主。哺乳动物、鸟类和人等都是弓形虫中间宿主。

弓形虫在猫的肠上皮细胞内，进行裂殖生殖，重复几次裂殖生殖后，形成大量的裂殖子，末代裂殖子重新进入上皮细胞，经过配子生殖，最后形成卵囊。卵囊随粪便排出体外，在外界适宜的温度、湿度和氧气条件下，经过孢子化发育为感染性卵囊。动物吃了猫粪中的感染性卵囊或吞食了含有弓形虫速殖子或包囊的中间宿主的肉、内脏、渗出物和乳汁而被感染。速殖子还可通过皮肤和鼻、眼、呼吸道黏膜感染，也可通过胎盘感染胎儿，各种昆虫也可传播本病。在中间宿主各脏器的有核细胞中进行无性繁殖，形成滋养体和包囊。在宿主细胞内有大量的裂殖子，见于慢性病例的脑、眼和肌肉。

本病呈世界性分布。虫体的不同阶段，如卵囊、速殖子和包囊均可引起感染。猪通过摄入污染的食物或饮水中的卵囊或食入其他动物组织中的包囊而感染。临床期患畜的唾液、痰、粪、尿、乳汁、腹腔液、眼分泌物、肉、内脏、淋巴结及急性病例的血液中都可能含有速殖子，如外界条件有利其存在，猪就可以受到传染。

病原体也可通过眼、鼻、呼吸道、肠道、皮肤等途径侵入猪体。

目前，弓形虫病在我国主要是隐性感染，感染猪一般见不到临床症状，但血清学检测阳性率较高（母猪的阳性率平均超过50%），尤其是妊娠母猪的隐性感染常导致流产。

弓形虫病的发生不受气候的限制，但以夏秋季节发病为多，这可能是夏秋季节的气温和湿度条件更适合于弓形虫的卵囊孵化。

【临床症状】主要引起神经、呼吸及消化系统症状。

根据感染猪的年龄、弓形虫虫株的毒力、弓形虫感染的数量以及感染途径等的不同，其临床表现和致病性都不一样。

（1）**急性型** 一般猪急性感染后，经3～7天的潜伏期，呈现和肠型猪瘟极相似的症状。体温升高至40～42℃，稽留7～10天，病猪精神沉郁，食欲减少至废绝，但常饮水，伴有便秘或下痢，有时带有黏液和血液。后肢无力，行走摇晃，喜卧。鼻镜干燥，被毛逆立，结膜潮红。随着病程发展，耳、鼻、后肢股内侧和下腹部皮肤出现紫红色斑或出血点（图1-125，图1-126）。严重时呼吸困难，呈腹式或犬坐姿势呼吸，并常因呼吸窒息而死亡。

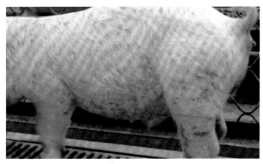
图1-125 病猪皮肤紫红色斑

图1-126 病猪耳朵紫红色斑

急性发作耐过的病猪一般于二周后恢复，但往往遗留有咳嗽、呼吸困难及后躯麻痹、斜颈、癫痫样痉挛等神经症状。

怀孕母猪若发生急性弓形虫病，表现为高热、废食、精神委顿和昏睡，此种症状持续数天后可产出死胎或流产，即使产出活仔也会发生急性死亡或发育不全，不会吃奶或畸形怪胎。母猪常在分娩后迅速自愈。

（2）**慢性型** 病程较长，表现厌食，逐渐消瘦、贫血。随着病情发展，可出现后肢麻痹。有的生长缓慢，成为僵猪，并长期带虫。个别可导致死亡，但多数可耐过。

【**病理变化**】急性病例多见于小猪，出现全身性病变，全身淋巴结肿大，切面多汁有针尖大到米粒大灰白色或灰黄色坏死灶和出血点，肠系膜淋巴结呈索状肿胀，切面外翻；肝、肺和心脏等器官肿大，有许多出血点、坏死灶和胸腔积液；脾脏肿大，棕红色；肾变软有出血点和灰白色坏死点（图1-127～图1-134）。膀胱有点状出血，脑轻度水肿，切面有出血点；肠道重度充血，肠黏膜可见坏死灶；心包、肠腔和腹腔内有多量

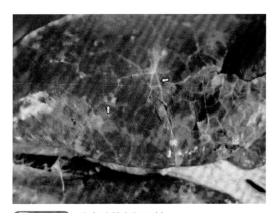
图1-127 肺水肿并有坏死灶

图1-128 肺水肿并胸腔积液

图1-129 肺脏水肿、有出血点和坏死灶

图1-130 肺脏水肿有出血点

图1-131 心脏肿大，有出血点

图1-132 肝脏肿大有坏死灶

图1-133 脾脏肿大，呈棕红色

图1-134 肾脏有出血点

渗出液。慢性病例多可见内脏器官水肿，并有散在的坏死灶。隐性感染主要是在中枢神经系统内见有包囊，有时可见有神经胶质增生性肉芽肿性脑炎。

【诊断】根据临床症状，流行病学和病理剖检可作出初步诊断，确诊必须查出病原，常有以下几种方法。

（1）**直接涂片** 取肺、肝、淋巴结作涂片，用姬姆萨液染色后检查；或取患畜的体液、脑脊液作涂片染色检查。此法简单，但有假阴性，必须对阴性猪作进一步诊断。

（2）**集虫法检查** 取肺或淋巴结研碎后加10倍生理盐水过滤，500r/min离心3min，沉渣涂片，干燥，用瑞氏或姬姆萨染色检查。

（3）**动物接种** 取肺、肝、淋巴结研碎后加10倍生理盐水，加入双抗后，室温放置1h。接种前摇匀，待较大组织沉淀后，取上清液接种小鼠腹腔，每只接种0.5～1.0mL。大约经1～3周，小鼠发病时，可在腹腔中查到虫体。或取小鼠肝、脾、脑作组织切片检查，如为阴性，可按上述方式盲传2～3代，可能从病鼠腹腔液中发现虫体也可确诊。

（4）**血清学试验** 主要有间接血凝试验、间接免疫荧光抗体试验、酶联免疫吸附试验等。目前国内应用较广的是间接血凝试验，猪血清凝集效价达1∶64时可判为阳性，1∶256表示最近感染，1∶1024表示活动性感染。

（5）**分子生物学试验** 如PCR。

【**防治**】

（1）**治疗** 对本病的治疗主要采用磺胺类药物，如磺胺嘧啶、磺胺6-甲氧-嘧啶、乙胺嘧啶等对弓形虫病有效，但应注意在发病初期及时用药，如用药较晚，虽可使临床症状消失，但不能抑制虫体进入组织形成包囊，结果使病畜成为带虫者。

（2）**预防** 猪场内应严禁养猫，并防止猫进入猪舍，严防猪的饲料及饮水接触猫粪。

加强对人、猪等易感动物弓形虫病的检测，一旦发现阳性或可疑者应及时隔离治疗。

强化畜禽屠宰加工中弓形虫检验，发现病畜或其胴体、副产品必须予以销毁。在肉类加工中应充分烧熟煮透，以杀灭肉中的包囊。

注意个人饮食卫生，不食生肉、生蛋和未消毒的乳；孕妇不接触猫。

第二章

呼吸系统疾病

❧❧ 单元一　猪支原体肺炎 ❧❧

猪支原体肺炎（Mycoplasma Pneumonia of Swine）又称猪地方性肺炎、猪地方流行性肺炎，俗称猪气喘病，是由猪肺炎支原体引起的一种慢性呼吸道传染病，主要症状为咳嗽和气喘。病变的特征是融合性支气管肺炎，尖叶、心叶、中间叶和膈叶前缘呈"肉样"或"虾肉样"实变。

本病广泛分布于世界各地。患猪长期生长发育不良，饲料利用率降低。

【病原】猪肺炎支原体是一类无细胞壁的多形态微生物，呈球状、环状、椭圆形（直径约0.5μm）或两极形（长度0.5～1.0μm）等（图2-1，图2-2）。最小的感染颗粒，可通过300nm的滤器。革兰染色阴性，着色不佳，姬姆萨或瑞氏染色良好（图2-3）。

猪肺炎支原体能在无细胞的人工培养基上生长，但生长条件的要求比其他已知的支原体严格（图2-4）。病料接种乳兔，经连续传代获得弱毒株，对猪的致病力减弱，可产生良好的免疫保护作用。

猪肺炎支原体由病猪排出体外后，其生存时间一般不超过36h。病肺悬液置室温

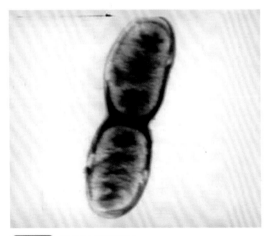

图2-1　支原体电镜照片

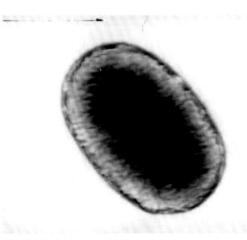

图2-2　支原体透射电镜照片

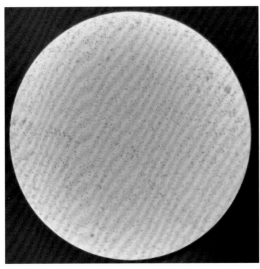

图2-3 猪肺炎支原体（革兰染色）

图2-4 肺炎支原体菌落

（15～25℃）36h内即失去致病力。病料保存于1～4℃可存活4～7天，−15℃达45天，−30℃可达20个月。冻干保存于−15℃可达半年至一年，−25℃可达2～3年。

猪肺炎支原体对青霉素及磺胺类药物不敏感，对氟喹诺酮类、四环素类、林可胺类、大环内酯类药物敏感。一般常用的化学消毒剂和消毒方法均能达到消毒的目的。

【流行病学】

（1）**易感性** 自然病例只有家猪和野猪，其他动物不发病。不同品种、年龄、性别的猪均能感染，其中哺乳仔猪和断奶仔猪易感性高，其次是妊娠后期和哺乳母猪。公猪和成年猪多呈慢性或隐性感染。

（2）**传染源** 病猪和隐性感染猪是本病的传染源。新疫区往往由于购入隐性感染猪而引起本病暴发。发病母猪感染哺乳仔猪，病猪在临床症状消失后半年至一年多仍可排菌感染健康猪。本病一旦传入，如不采取严格措施，很难根除。

（3）**传播途径** 本病通过呼吸道飞沫传播。病猪通过咳嗽、喘气和喷嚏等强力气流将含有大量病原体的渗出物、分泌物喷射出来，形成飞沫，悬浮于空气中被健康猪吸入而传染。因此，健康猪与病猪接近，如同圈饲养，尤其是通风不良、潮湿和拥挤的猪舍，最易引起发病和流行。

（4）**流行特点** 本病一年四季均可发生，没有明显的季节性，但冬春季多见。在新疫区初次流行多呈暴发，症状重，发病率和病死率都较高，多取急性经过。在老疫区多取慢性经过，症状不明显，病死率低。当天气突变，阴湿寒冷，饲养管理和卫生条件不良时可使病情加重，病死率增高。如有继发感染或混合感染，则造成更大的损失。

【临床症状】本病的潜伏期为数日至1个月以上不等。

气喘病主要症状为慢性干咳，在清晨、晚间、采食时或运动后最明显。食欲变化不大，体温一般不升高。随着病程的发展，可出现不同程度的呼吸困难、呼吸加快和腹式呼吸。这些症状时而缓和，时而明显。无继发感染时，咳嗽会在2～3个月内消失，病死率很低。但饲料转化率和日增重显著降低。发生继发感染时可能出现食欲不振，呼吸困难或气喘，咳嗽加重，体温升高及衰竭等症状，病死率升高。

　　有的猪在较好的饲养管理条件下，感染后不表现症状，但它们体内存在着不同程度的肺炎病灶，用X线检查或剖检时可以发现肺炎病灶。

　　【病理变化】 主要病变见于肺、肺门淋巴结和纵隔淋巴结。肺两侧均显著膨大，有不同程度的水肿。在心叶、尖叶、中间叶、膈叶的前下缘出现融合性支气管肺炎。病变的颜色多为淡灰红色或灰红色，半透明状。病变部界限明显，像鲜嫩的肌肉样，俗称"肉变"。病变部切面湿润而致密，常从小支气管流出微浑浊灰白色带泡沫的浆性或黏性液体。随着病程延长或病情加重，病变部的颜色变深，呈淡紫红，半透明的程度减轻，坚韧度增加，俗称"胰变"或"肉样变"，有出血现象（图2-5～图2-10）。恢复期，病变逐

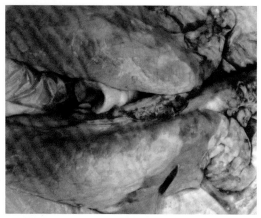
图2-5 肺脏膈叶前下方肉样变

图2-6 肺脏膈叶肉样变（腹侧观）

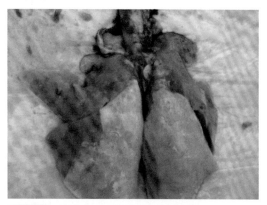
图2-7 肺脏尖叶、心叶肉、膈叶肉样变

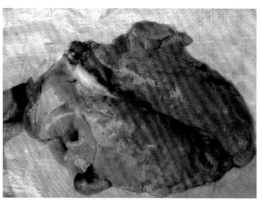
图2-8 肺脏肉样变

图2-9 肺脏肉样变、出血（并发猪瘟）

图2-10 肺脏肉样变、出血（腹侧观）

渐消散，肺小叶间结缔组织增生硬化，表面下陷，其周围肺组织膨胀不全。肺门淋巴结和纵隔淋巴结显著肿大，呈灰白色，切面外翻湿润，有时边缘轻度充血。

肺部病变的组织学检查可见典型的支气管肺炎变化。小支气管周围的肺泡扩大，泡腔内充满多量的炎性渗出物，并有多数的小病灶融合成大片实变区。

【诊断】根据流行病学、临床症状和病变的特征可作出诊断。本病仅发生于猪，以咳嗽、气喘为特征，体温和食欲变化不大；特征性病变是肺的心叶、尖叶、中间叶及膈叶的前下缘有实变区，肺门和纵隔淋巴结肿大。

X线检查对本病的诊断有重要价值，对隐性或疑似发病猪通过X线透视，阳性可作出诊断。在X线检查时，猪以直立背胸位为主，侧位或斜位为辅。病猪在肺叶的内侧区以及心膈角区呈现不规则的絮状渗出性阴影。

诊断本病时应以一个猪场整个猪群为单位，猪群中发现一头病猪，就可以认为是病猪群。

血清学诊断常用间接血凝试验，病原分离成功的概率不高。

【防治】

（1）治疗　药物治疗的关键是早期用药。常用药物有喹诺酮类、大环内酯类、四环素类、林可胺类、双萜烯类，以及卡那霉素等。注射和口服给药需要时间较长，建议采用乳酸环丙沙星或卡那霉素肺内注射，通常一次给药5天后即可康复。

（2）预防

① 免疫接种　目前市场上有弱毒疫苗和灭活疫苗。

仔猪使用弱毒苗，15日龄首免，3月龄时对确定留作种用的猪进行二免。仔猪使用灭活苗，7日龄首免，21日龄二免，3月龄时对确定留作种用的猪进行三免。本病的免疫保护力与血清IgG抗体水平相关性不大，母源抗体保护率低，起主要作用的是局部免疫。

使用弱毒疫苗应注意以下两点，一是使用前15天后60天内不要使用对支原体有抑制作用的药物；二是疫苗一定要注入肺内，肌内注射无效。灭活苗可肌内注射。

② 药物预防　选择敏感的抗菌药物脉冲式给药可减缓疾病的临床症状并避免继发感染，尤其是在易感阶段用药，可以收到较好的效果，但容易导致病原体产生耐药性。

单元二　猪肺疫

猪肺疫（Pasteurellosis Suum），又称猪巴氏杆菌病，是由多杀性巴氏杆菌引起的一种急性传染病。最急性病例呈出血性败血症变化，咽喉部急性肿胀，高度呼吸困难；急性型呈纤维素性胸膜肺炎症状；慢性病例常表现为慢性肺炎或慢性胃肠炎。

【病原】多杀性巴氏杆菌为巴氏杆菌属，两端钝圆、中央微凸的短杆菌，大小为（0.3～1.0）μm×（1.0～2.0）μm，革兰阴性，无运动性，无芽孢，无鞭毛，产毒菌株有荚膜。病变组织或体液涂片用瑞氏、姬姆萨或美蓝染色后镜检，该菌呈两极着色深、浓染的卵圆形，用陈旧的培养物或多次传代的培养物两极着色不明显（图2-11，图2-12）。

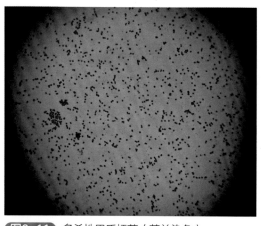

图2-11 多杀性巴氏杆菌（革兰染色）

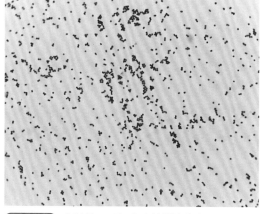

图2-12 多杀性巴氏杆菌（革兰染色）

本菌为需氧或兼性厌氧菌。在普通培养基上虽能生长，但生长不佳，在加有血液或血清的培养基上生长良好。在血清琼脂上培养24h后，菌落为淡灰白色、边缘整齐、表面光滑的露珠样小菌落；血液琼脂上长成湿润的水滴样小菌落，菌落周围无溶血现象；在麦康凯培养基上不生长。在生理盐水中，可出现自溶现象，稀释时需注意。

本菌根据菌落形态可分为黏液型（M）、光滑型（S）和粗糙型（R）。黏液型和光滑型有荚膜，光滑型为中等大小菌落，对小鼠毒力强；粗糙型对小鼠无毒力；黏液型介于二者之间。从菌落的荧光性可分为三型，即Fg型（蓝绿色带金光，边缘有狭窄的红黄光带）、Fo型（橘红色，边缘有乳白光带）、Nf型（无荧光）。Fg型对猪等畜类的毒力强，对禽类的毒力弱；Fo型对禽类的毒力强，而对畜类的毒力较弱；Nf型对畜禽的毒力都很弱，在一定条件下，Fg和Fo可以发生相互转化。菌落的虹彩与荚膜的存在有关。

根据多杀性巴氏杆菌荚膜抗原（K抗原）可分为A、B、D、E和F五个血清型。根据菌体抗原（O抗原）分为1～12型。将菌体型和荚膜型结合起来形成1：A、1：D、2：D、2：A、3：A、4：D、5：A、6：B、6：E、7：A、8：A、9：A、10：D、11：B、12：D共15个血清型，各血清型之间不能交互保护。我国以5：A；6：B为主，其次是8：A与2：D。

本菌对物理和化学因素抵抗力较低。冬季，排泄到外界的细菌可存活2～3周以上。60℃ 30min，或直射阳光10min可杀死。普通消毒药对本菌均有良好的消毒效果。

【流行病学】本病多与其他疾病混合感染或继发感染。

（1）**易感性** 本病多发生于3～10周龄的仔猪。发病率为40%以上，死亡率为5%左右。

（2）**传染源** 病猪和带菌猪是主要传染源。多杀性巴氏杆菌在各种动物中带菌率都很高，屠宰猪的扁桃体带菌率为63%，所以在发生猪肺疫时常常查不到传染源。

（3）**传播途径** 健康带菌猪常因某些应激因素，如寒冷、闷热、天气突变、潮湿、长途运输、拥挤、通风不良、营养缺乏、饲料突变、某些疾病、过度疲劳等，导致机体抵抗力降低，引起内源性感染。病菌随病猪和带菌动物的分泌物和排泄物排出，污染饲料、饮水、用具和外界环境，经消化道传染给健康猪，或咳嗽、喷嚏排出的病原通过飞沫经呼吸道传播，也可经吸血昆虫的叮咬和皮肤、黏膜的损伤发生传染。

（4）流行特点 本病多为散发，有时呈地方流行性。一般无明显的季节性，但恶劣的天气以及管理不良等因素引起抵抗力降低都会促发本病。本病常继发于猪瘟、猪伪狂犬病、猪气喘病以及猪传染性胸膜肺炎等疾病。

【临床症状】本病潜伏期为1～14天，临诊上一般分为最急性型、急性型和慢性型。

（1）最急性型 俗称"锁喉风"，常突然发病，无明显症状而死亡。病程稍长的，表现体温升高至41℃以上，呼吸高度困难，心跳加快，食欲废绝。临死前，耳根、颈部及腹下部等处皮肤变成蓝紫色，有时有出血斑点（图2-13，图2-14）。同时咽喉部肿胀，有热痛，重者可蔓延至耳根及颈部。病猪口鼻流出泡沫样液体或脓性鼻液，有的混有血液，呈犬坐姿势，常因窒息而死（图2-15，图2-16）。病程仅1～2天。

（2）急性型 主要呈现纤维素性胸膜肺炎症状，败血症较最急性型轻微。病初体温升高（40.5～41.6℃），发生短而干的痉挛性咳嗽，有鼻液和脓性结膜炎，初便秘后腹泻。末期皮肤有紫斑或小出血点。病程4～6天。有的病猪转为慢性。

（3）慢性型 多见于流行后期，主要表现为慢性肺炎或慢性胃肠炎。持续性咳嗽与呼吸困难，由急性转来的呈渐进性消瘦。病猪精神不振，食欲减退，步行摇晃。有的关节发生脓肿，皮肤出现痂样湿疹。后期腹泻，以致衰竭死亡。病程约2周。

图2-13 病猪皮肤呈蓝紫色

图2-14 病猪耳边缘呈蓝紫色

图2-15 脓性鼻液

图2-16 病猪口鼻流出泡沫样液体

【病理变化】

（1）眼观病变　最急性型为全身黏膜、浆膜、皮下组织有大量出血点，以咽喉部及其周围结缔组织的出血性浆液浸润、喉头黏膜高度充血和水肿、气管内充满白色或淡黄色胶冻样分泌物为特征性病变（图2-17）。切开颈部皮肤，可见大量胶冻样淡黄色纤维素浆液，水肿自颈部延至前肢。全身淋巴结出血、切面红色，尤其是颌下、咽后和颈部淋巴结。肺急性充血、水肿。脾有出血点，不肿大。心外膜和心包膜有出血点。胃肠黏膜有出血性炎症。皮肤有出血斑。

（2）急性型　除有出血性病变外，特征性的病变是纤维素性胸膜肺炎。肺炎灶多发生于肺尖叶、心叶和膈叶的前下缘，有时也发生在膈叶的背部。肺有不同程度的肝变区，在肝变区内常有坏死灶，肺切面呈大理石样花纹，肺小叶间质增宽，充满胶冻样液体（图2-18，图2-19）。胸壁常有透明、干燥的纤维素性附着物，严重的肺与胸壁发生粘连（图2-20～图2-22）。胸腔及心包积液，有纤维素性心包炎（图2-23）。气管、支气管内有泡沫状黏液（图2-24）。

（3）慢性型　尸体消瘦、贫血。肺组织大部分发生肝变，并有大量坏死灶，坏死灶周围有结缔组织包囊，有的形成空洞，与支气管相通。胸腔及心包积液，肺与胸壁粘连（图2-25，图2-26）。有时在肋间肌、支气管周围淋巴结、纵隔淋巴结以及扁桃体、关节和皮下组织内有坏死灶。

图2-17　皮下大量出血点

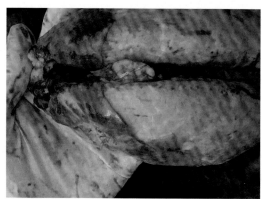

图2-18　肺前叶肝变

图2-19　肺出血有坏死灶

图2-20　胸壁上的纤维素

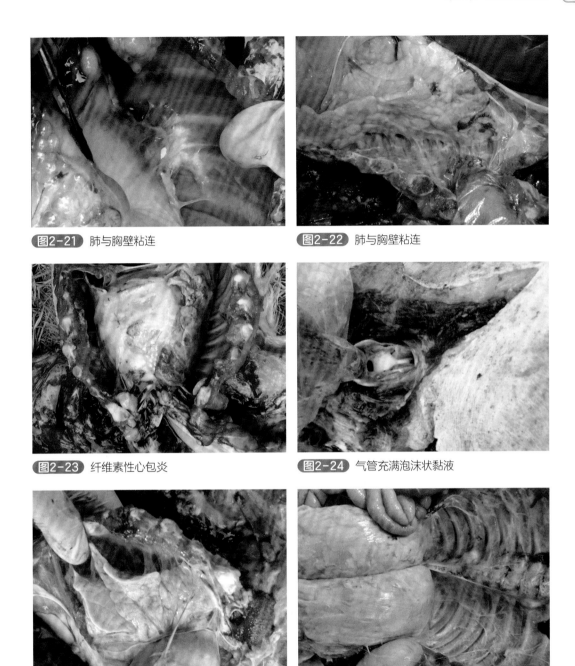

图2-21 肺与胸壁粘连

图2-22 肺与胸壁粘连

图2-23 纤维素性心包炎

图2-24 气管充满泡沫状黏液

图2-25 肺与胸壁粘连

图2-26 肺与胸壁粘连

（4）显微病变　肺泡腔、细支气管、支气管腔内有嗜中性粒细胞浸润，伴有黏膜上皮纤维素性变化、脱落。

【诊断】根据流行病学、临床症状和剖检变化，尤其是最急性型病例的咽喉部的症状，结合对病猪的治疗效果，可作出初步诊断。

将病料涂片镜检，见到两极着色的卵圆形短杆菌，接种培养基可分离到该菌。在5%牛血琼脂培养基上能产生Fg型菌落。

必要时用小鼠进行实验感染，一般在注射病料后24h内死亡。剖检呼吸道和消化道黏膜有出血点，脾不肿大，肝充血、肿大及坏死。

【防治】

（1）治疗　多杀性巴氏杆菌对多数抗菌药物敏感，但该菌很易产生耐药性，因此可以通过药敏试验选择敏感的药物。通常对猪肺疫的治疗可选用阿莫西林、多西环素、喹诺酮类、增效磺胺、氟苯尼考等。

除了治疗以外，良好的管理措施，如通风、干燥、保暖、清洁水源、营养均衡、无寄生虫感染和继发感染等都有增强本病的治疗效果和减少经济损失的作用。

（2）预防　做好猪群的饲养管理工作，搞好猪舍环境卫生，冬季做好防寒保暖，夏季做好防暑降温，将气温剧变的影响降到最低，避免各种应激因素的影响，提高猪的抗病能力。

（3）免疫接种　猪肺疫的预防可用猪肺疫氢氧化铝灭活苗、猪肺疫口服弱毒苗、猪丹毒-猪肺疫氢氧化铝二联灭活疫苗、猪瘟-猪丹毒-猪肺疫三联活疫苗，这四种疫苗对猪肺疫的免疫期都在半年以上。

单元三　猪传染性胸膜肺炎

猪传染性胸膜肺炎（Porcine Infectious Pleuropneumonia, PIP）是由胸膜肺炎放线杆菌引起的一种猪的呼吸道疾病。该病急性病例以纤维素性出血性胸膜肺炎为特征，慢性病例以纤维素性坏死性胸膜肺炎为主要特征。

【病原】胸膜肺炎放线杆菌（APP）属于巴氏杆菌科放线杆菌属。因分离年代不同，曾分别称作副流感嗜血杆菌、副溶血嗜血杆菌和胸膜肺炎嗜血杆菌。APP是革兰阴性、有荚膜和菌毛的多形性球状短杆菌，有鞭毛，无运动力，不形成芽孢，能产生毒素（图2-27）。

本菌为兼性厌氧菌，生长需要V因子（NAD，烟酰胺腺嘌呤二核苷酸），在10%CO_2条件下的血琼脂平板上呈不透明扁平的圆形黏液状菌落，大小为1～1.5mm，周围呈β溶血。从新鲜病料中分离的细菌呈两极染色，人工培养24～96h可见到丝状菌。

APP能发酵葡萄糖、麦芽糖、蔗糖和果糖，产酸不产气；个别菌株可发酵乳糖、甘露糖、木糖、阿拉伯糖；触酶、尿素酶试验阳性，V-P试验阴性，MR试验阴性，靛基质阴性；硝酸盐还原试验阳性，产生硫化氢，不利用柠檬酸盐，CAMP试验阳性。

根据培养时对NAD的依赖性可将APP分为生物Ⅰ型和生物Ⅱ型，其中生物Ⅰ型为NAD依赖菌株，对猪具有致病性。根据荚膜抗原与细菌脂多糖的不同将生物Ⅰ型分为12个血清型，其中1、5、9、10、11五种血清型致病力最强。我国流行的血清型以1、3、7型为主。免疫学证明，各个血清型之间无很好的交叉反

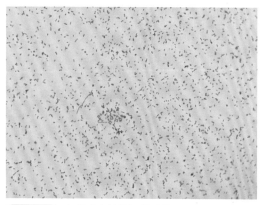

图2-27　胸膜肺炎放线杆菌（革兰染色）

应。生物Ⅱ型的生长不依赖NAD，分布于欧洲及美国，其致病性比生物Ⅰ型要弱。

APP是一种多毒力因子病原，这些毒力因子包括荚膜多糖、脂多糖、外膜蛋白、转铁结合蛋白、蛋白酶、溶血外毒素、过氧化物歧化酶、脲酶、黏附因子等。

本菌抵抗力不强，易被一般消毒药杀死。

【流行病学】

（1）易感性　本病只发生于猪，各年龄的猪对本病都易感。猪场初次发生时，不分年龄大小，都具有高度易感性。而通常多发生于6～8周龄的保育猪。

（2）传染源　病猪和带菌猪是本病的主要传染源。亚临床感染的母猪是病原的主要贮存宿主，其所生仔猪11日龄时即可由扁桃体检出APP。康复带菌猪是引起新购入仔猪感染的主要来源。多数猪场初次发病是由于引进或混入带菌猪、慢性感染猪。病菌主要定居于猪的呼吸道（如扁桃体和鼻腔）和病猪的血液中，并有高度的宿主特异性。APP的感染是剂量依赖性的，低剂量感染猪无临床症状出现，但机体产生针对APP的抗体，感染菌量稍增加将是致死性的，因此，集约化养猪场控制环境中APP的含量对于传染性胸膜肺炎的防治非常重要。

（3）传播途径　本病的传播途径是呼吸道，即通过咳嗽、喷嚏排出的分泌物和渗出物而传播，接触传播可能是其主要的传播途径，也可能通过污染的空气、排放的污染物或人员传播。

（4）流行特点　急性期本病死亡率很高，主要与细菌的毒力、猪的易感性及环境因素有关。应激因素存在的条件下多发，冬春两季发病率较高。本病容易与猪伪狂犬病、蓝耳病、气喘病、猪肺疫、副嗜血杆菌病等混合感染。尤其是蓝耳病感染的猪场，胸膜肺炎发病明显增多而且严重。

【临床症状】该病的潜伏期长短不一，人工接触感染的潜伏期为1～7天。低剂量感染病菌可出现亚临床症状。临床症状与动物的年龄、免疫状态、环境因素及对病原的感染程度有关。本病按病程可分为最急性、急性、亚急性和慢性型。

（1）最急性型　猪群中一头或几头突然发病，体温升高到41.5℃，沉郁、厌食，病猪卧地，无明显呼吸道症状，心率加快，后期出现心衰和循环障碍，鼻、耳、眼及后躯皮肤发绀，晚期出现严重的呼吸困难和体温下降，临床前从口鼻流出带血的泡沫样分泌物，24～36h内死亡，有时病猪没有出现任何症状而突然死亡，死亡率高（图2-28～图2-31）。

图2-28　病猪耳鼻发绀

图2-29　病猪皮肤发绀

图2-30　病猪鼻流出带血的泡沫样分泌物

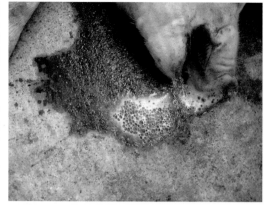

图2-31　病猪口腔流出带血的泡沫样分泌物

（2）**急性型**　同圈或不同圈的猪同时发病，体温40.5～41℃，沉郁、拒食、咳嗽、呼吸困难，有时张口呼吸，呈犬坐姿势，开始时鼻端、耳、尾及四肢皮肤，继而全身皮肤发绀，常出现心脏衰竭，通常发病后2～4天内死亡。耐过者可逐渐康复，或转为亚急性或慢性。

（3）**亚急性或慢性**　常由急性转化而来，体温不升高或略有升高，食欲不振，阵咳或间断性咳嗽，增重率降低。在慢性感染群中，常有很多隐性感染猪，当受到其他病原微生物（如肺炎支原体、多杀性巴氏杆菌、支气管败血波氏杆菌）侵害时，临床症状可能加剧。

最初暴发本病时可见到妊娠母猪流产，个别猪发生关节炎、心内膜炎和不同部位的脓肿。

【病理变化】主要病变为肺炎和胸膜炎，80%的病例胸膜表面有广泛性纤维素沉积，胸腔液呈血色，肺广泛性充血、出血、水肿和肝变。气管和支气管内有大量的血色液体和纤维素凝块。有的病猪腹腔和关节腔有纤维素沉着。

（1）**最急性型**　气管、支气管内充满血染的泡沫状液体，气管黏膜水肿、出血、变厚；肺炎多为两侧性，肺脏充血、出血、水肿，有不同程度的肝变，后期肺炎病灶变硬、变暗，但无纤维素性胸膜炎出现，胸腔和心包腔充满浆液性或血色渗出物（图2-32～图2-37）。

图2-32　肺脏充血、出血、肝变

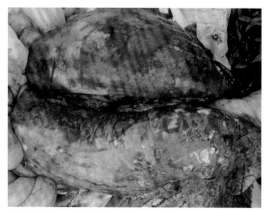

图2-33　肺多个化脓灶

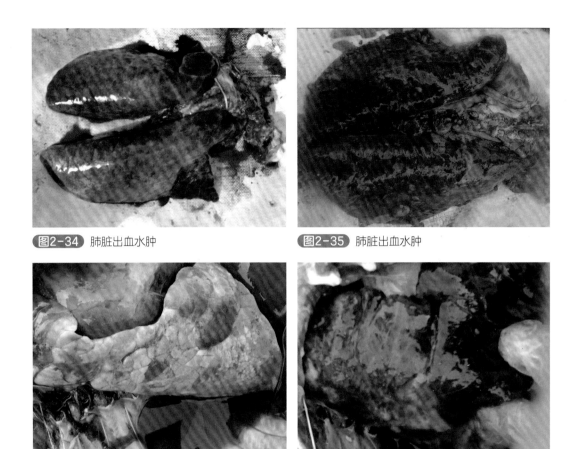

图2-34 肺脏出血水肿　　　　　　图2-35 肺脏出血水肿

图2-36 肺肝变、胸腔积液　　　　图2-37 肺出血

（2）急性型　表现为纤维素性出血性或纤维素性坏死性支气管肺炎。病变区有纤维素渗出、坏死和不规则的出血。肺间质增宽。纤维素性胸膜肺炎蔓延整个肺脏，使肺和胸膜粘连。肺脏有界限明显的坏死和脓肿。常伴发心包炎，肝脾肿大，色变暗，有的腹腔出现大量纤维素性渗出物（图2-38～图2-41）。

（3）亚急性和慢性　可见硬实的肺炎区，表面有结缔组织化的附着物，肺炎病灶硬化或坏死并与胸膜粘连。

图2-38 肺脏化脓灶

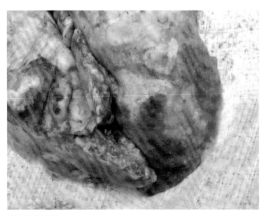

图2-39 肺脏化脓灶

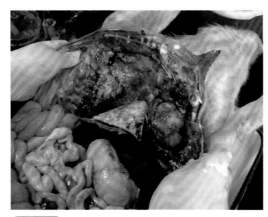

图2-40　胸腔纤维素渗出　　　　　　　图2-41　胸腔纤维素渗出，肺和胸膜粘连

病理组织学变化表现为最急性病例肺炎区肺泡充满炎性水肿液或纤维蛋白和红细胞；急性病例肺泡和支气管内充满纤维蛋白和嗜中性粒细胞或纤维蛋白被成纤维细胞所机化。

【诊断】本病发生突然与传播迅速，伴发高热和严重呼吸困难，早期发现个别猪死前从口鼻流出带血性的泡沫样分泌物，死亡率高。死后剖检见肺脏和胸膜有特征性的纤维素性坏死和出血性肺炎、纤维素性胸膜炎，以此可作出诊断。确诊需要进行细菌学检查和血清学检查。

（1）病原学诊断　病料涂片镜检、细菌分离培养和鉴定、V因子需要试验、生化试验、动物试验等。

（2）血清学诊断　血清学试验主要用于筛选试验和流行病学的研究。我国已建立的血清学诊断方法有补体结合试验、酶联免疫吸附试验和间接血凝试验等。

（3）分子生物学技术　主要是应用PCR方法进行诊断。该方法具有快速诊断和敏感性高等优点。

【防治】

（1）治疗　根据近年来国内外的用药情况及实验室的药敏实验结果，猪胸膜肺炎放线杆菌对头孢噻呋、替米考星、先锋霉素、恩诺沙星、多西环素、氟苯尼考、庆大霉素、卡那霉素等敏感。有明显临床症状的发病猪，通过注射给药，对未发病猪，在饲料或饮水中添加药物，先用治疗剂量数天，然后改用预防量给药数周可控制此病。

在本病的防治过程中，用于预防的药物应有计划地定期轮换使用，最好通过药敏试验选择药物。

（2）药物预防　在本病的易感阶段，饲料中添加敏感的抗菌药物对预防本病具有重要作用。

（3）防制并发症　注意预防猪伪狂犬病、猪瘟、蓝耳病、支原体肺炎、副猪嗜血杆菌病等，这些疾病破坏猪的免疫系统或肺脏的防御功能，从而使猪对APP的易感性增加，因此一定要做好这些疾病的免疫接种工作。

（4）免疫接种　预防本病的疫苗主要有灭活疫苗和亚单位疫苗两种。由于胸膜肺炎放线杆菌的血清型多，不同血清型菌株之间交叉免疫性又不强，因此，灭活疫苗主要由当地分离的菌株制备而成。灭活苗不能消除患病动物的带菌状态，只能减轻病变程度，不能抑制感染和发病，因此灭活苗的效果不理想。各种亚单位疫苗成分不尽相同，一般是以胸膜肺炎放线杆菌外毒素为主要成分，附以外膜蛋白或转铁蛋白等各种毒力因子，保护效果不一。研究表明，弱毒疫苗保护效果好，但目前尚无商品化疫苗应用。

单元四　副猪嗜血杆菌病

副猪嗜血杆菌病又称革拉泽氏病（Glasser's Disease），是由副猪嗜血杆菌引起的猪的多发性浆膜炎和关节炎。以胸膜炎、肺炎、心包炎、腹膜炎、关节炎和脑膜炎为特征。

【病原】该病病原菌曾称为猪嗜血杆菌和猪流感嗜血杆菌，后来证明其生长时不需要X因子（血红素和其他卟啉类物质），更名为副猪嗜血杆菌。

副猪嗜血杆菌具有多种不同的形态，从单个的球杆菌到长的、细长的以至丝状的菌体，革兰染色阴性，通常可见荚膜，但体外培养时易受影响（图2-42，图2-43）。该菌生长时严格需要烟酰胺腺嘌呤二核苷酸（NAD或V因子），不需要血红素和其他卟啉类物质（X因子），脲酶和氧化酶试验阴性，接触酶试验阳性，可发酵葡萄糖、蔗糖、果糖、半乳糖、D-核糖和麦芽糖等。将副猪嗜血杆菌水平划线于鲜血琼脂平板，再用金黄色葡萄球菌垂直于水平线划线，37℃培养24～48h，呈现出典型的"卫星生长"现象，并且不出现溶血。

该菌的血清型复杂多样，按Kieletein-Rapp-Gabriedson（KRG）琼脂扩散血清分型方法，至少可将副猪嗜血杆菌分为15种血清型，另有20%以上的分离株血清型不可定型。各血清型菌株之间的致病力存在极大的差异，其中血清1、5、10、12、13、14型毒力最强，其次是血清2、4、8、15型，血清3、6、7、9、11型的毒力较弱。另外，副猪嗜血杆菌还具有明显的地方性特征，相同血清型的不同地方分离株可能毒力不同。

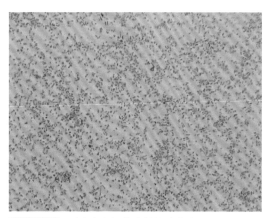

图2-42 副猪嗜血杆菌（革兰染色）

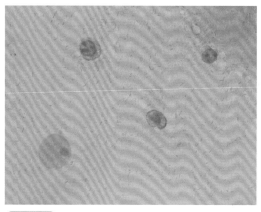

图2-43 副猪嗜血杆菌（脑组织触片，美兰染色）

本菌对外界抵抗力不强。干燥环境中易死亡，60℃经5～20min被杀死，4℃存活7～10天。常用消毒药可将其杀死。

【流行病学】

（1）易感性　本病只发生于猪，从2周龄到4月龄的猪均易感，多见于5～8周龄的保育猪，尤其是断奶后10天左右的猪。发病率一般在10%～15%，病死率可达50%。在新发病的猪场，可能导致更高的发病率和死亡率，年龄范围也显著增宽。

（2）传染源　病猪和带菌猪是主要的传染源。该细菌寄生在健康猪的鼻腔、扁桃体、气管等部位，是一种条件性致病菌。

（3）传播途径　主要通过猪的相互接触传播，经消化道也可感染。

（4）流行特点　本病的发生与环境应激有关，如气候变化、饲料或饮水供应不足、运输等。猪发生支原体肺炎、繁殖与呼吸综合征、猪流感、伪狂犬病和猪呼吸道冠状病毒等时，副猪嗜血杆菌的存在可加剧疾病的临诊表现，即呈现继发或混合感染。

【临床症状】高度健康的猪群，感染后发病很快，接触病原后几天内就发病。临床症状取决于炎性损伤的部位，包括发热、食欲不振、厌食、消瘦、被毛粗乱、反应迟钝、咳嗽、呼吸困难、疼痛（尖叫）、关节肿胀、跛行、颤抖、共济失调、可视黏膜和多部位发绀、侧卧，随之可能死亡（图2-44～图2-51）。急性感染后可能留下后遗症，即母猪流产、公猪慢性跛行。

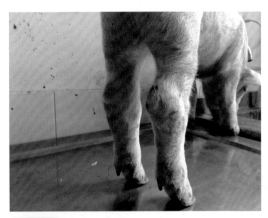
图2-44　病猪关节肿胀

图2-45　病猪跗关节肿胀

图2-46　关节肿胀，运动困难

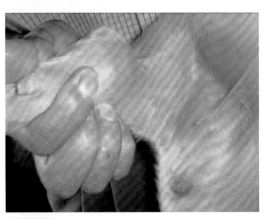
图2-47　关节肿胀

图2-48 病猪口鼻皮肤发绀

图2-49 病猪后躯皮肤发绀

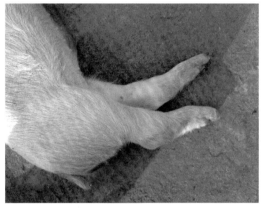

图2-50 病猪皮肤发绀

图2-51 病猪耳部皮肤发绀

【病理变化】主要是在单个或多个浆膜面，可见浆液性和化脓性纤维蛋白渗出物，包括胸膜、腹膜和心包膜，也可能涉及脑和关节表面，尤其是腕关节和跗关节（图2-52～图2-61）。全身淋巴结肿大，切面颜色呈灰白色。副猪嗜血杆菌也可能引起急性败血症，在不出现典型的浆膜炎时就呈现发绀、皮下水肿和肺水肿，乃至死亡。此外，副猪嗜血杆菌还可能引起筋膜炎、肌炎以及化脓性鼻炎等。

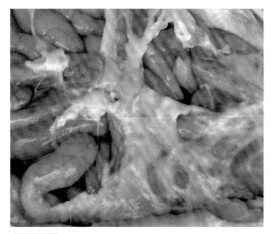

图2-52 腹腔脓性渗出物

图2-53 腹腔脓性渗出物

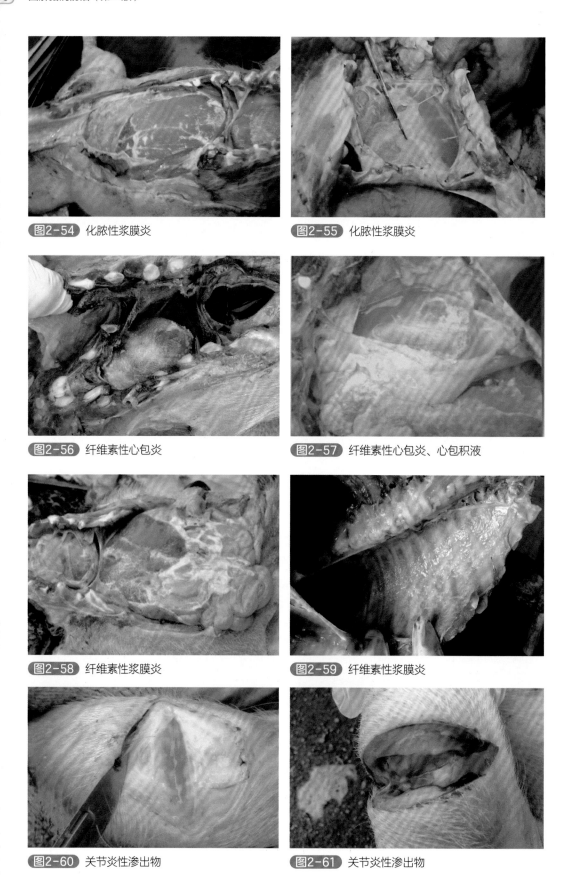

图2-54 化脓性浆膜炎

图2-55 化脓性浆膜炎

图2-56 纤维素性心包炎

图2-57 纤维素性心包炎、心包积液

图2-58 纤维素性浆膜炎

图2-59 纤维素性浆膜炎

图2-60 关节炎性渗出物

图2-61 关节炎性渗出物

【诊断】根据流行病学、临床症状和病理变化，结合对病畜的治疗效果，可以作出初步诊断。

确诊需要进行细菌的分离培养和鉴定，处于急性感染期的猪在没有应用抗菌药之前，采集浆膜表面的物质或渗出的脑脊液等，接种于含V因子的培养基。但细菌培养往往不易成功，因为副猪嗜血杆菌十分娇嫩。

在一个猪群中可能出现副猪嗜血杆菌的几个菌株或血清型，甚至在同一猪的不同组织中也可发现不同的菌株或血清型。因此，在进行细菌分离时，应在全身多部位采集病料。

血清学试验主要有琼脂扩散试验、补体结合试验和间接血凝试验等。

【防治】

（1）治疗 副猪嗜血杆菌对阿莫西林、氟喹诺酮类、头孢菌素、四环素、庆大霉素和磺胺类药物敏感。口服药物治疗对严重的副猪嗜血杆菌病的暴发可能无效。一旦出现临床症状，应立即采用口服之外的方式应用大剂量的抗菌药进行治疗，并对整个猪群进行药物预防。

（2）预防 疫苗的使用是预防副猪嗜血杆菌病有效的方法之一，但由于副猪嗜血杆菌具有明显的地方性特征，而且不同血清型菌株之间的交叉保护率很低，因此主要用当地分离的菌株制备灭活苗。

在制定免疫程序时，应考虑以下因素。母猪接种后可使4周龄以内的仔猪获得被动性免疫保护，再用相同血清型的灭活菌苗激发仔猪产生主动性免疫，从而对断奶仔猪产生免疫保护。如果母猪和仔猪都接种疫苗，仔猪感染副猪嗜血杆菌的可能性就很小。但如果母猪不免疫，则保护率不是很高，仔猪仍有可能发病。母源抗体对灭活疫苗免疫接种的影响较小。

在应用疫苗免疫的基础上，应加强感染猪群中所有猪的抗菌药物治疗。同时，要加强并发或继发疾病的控制和治疗，加大养猪场生物安全管理，减少或消除其他呼吸道病原微生物。

对处于易感时期的仔猪，应用敏感的抗菌药物进行预防是必要的，同时要提高舍内的空气质量和卫生条件。

单元五　猪传染性萎缩性鼻炎

猪传染性萎缩性鼻炎（Swine Infectious Atrophic Rhinitis，AR）又称慢性萎缩性鼻炎或萎缩性鼻炎，是由产毒素多杀性巴氏杆菌和支气管败血波氏杆菌引起的猪的一种慢性接触性呼吸道传染病。它以鼻炎、鼻中隔扭曲、鼻甲骨萎缩和病猪生长迟缓为特征，临诊表现为打喷嚏、鼻塞、流鼻涕、鼻出血、颜面部变形或歪斜，常见于2～5月龄猪。本病使猪的生长性能、饲料利用率和机体抵抗力下降，易感染其他疾病。

【病原】产毒素多杀性巴氏杆菌（T$^+$Pm）和支气管败血波氏杆菌（Bb）是引起猪萎缩性鼻炎的主要病原。

最初，Bb被认为是AR的主要致病因子，后来发现该菌的分离率及血清学检测与渐进性萎缩性鼻炎联系不大。虽然猪感染Bb后能引起鼻甲骨的损伤，但上市前鼻甲骨又能再生，现将这种鼻炎称为非进行性萎缩性鼻炎（NPAR）。相反，猪感染T^+Pm或Bb和T^+Pm后导致鼻甲骨产生不可逆转的损伤，而且T^+Pm一般只能从患有严重AR的病猪分离到，现将这种严重的萎缩性鼻炎称为进行性萎缩性鼻炎（PAR）。其他病原如铜绿假单胞菌、放线菌、猪细胞巨化病毒、疱疹病毒也参与致病过程，使病情加重。

与PAR密切相关的T^+Pm属于多杀性巴氏杆菌荚膜D血清型，T^+Pm能产生皮肤坏死毒素（DNT），仅用提纯的DNT就可以复制出PAR临床症状。

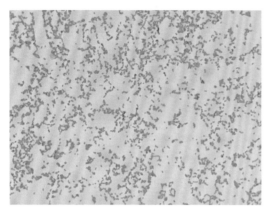

图2-62 支气管败血波氏杆菌（革兰染色）

Bb为球杆菌，呈两极染色，革兰染色阴性，有周鞭毛（图2-62）。需氧，培养基中加入血液可助其生长。在葡萄糖中性红琼脂平板上，菌落中等大小，呈透明烟灰色。其肉汤培养物有腐霉味。鲜血琼脂上产生β溶血。不发酵糖类，能利用柠檬酸盐和分解尿素。

Bb极易发生变异，有三个菌相。其中病原性强的是有荚膜的Ⅰ相菌，具有K抗原和强坏死毒素（似内毒素），该毒素与T^+Pm产生的DNT有很强的同源性，Ⅱ相菌和Ⅲ相菌的毒力弱。Ⅰ相菌在抗体的作用或不适当的条件下，可向Ⅲ相菌变异。Ⅰ相菌感染新生猪后，在鼻腔里增殖，存留的时间可长达1年。

T^+Pm和Bb的抵抗力不强，一般消毒剂均可使其致死。

【流行病学】

（1）易感性　不同年龄的猪都有易感性，以幼猪的易感性最高，病变最明显。

1周龄的仔猪感染后引起原发性肺炎，并可导致全窝仔猪死亡，发病率一般随年龄增长而下降。

1月龄以内的仔猪感染，常在数周后发生鼻炎，并引起鼻甲骨萎缩。

断奶后仔猪感染，一般只产生轻微的病理变化，有的只有组织学变化，有的病例会发生严重的病理变化。

品种不同的猪，易感性也有差异，国内土种猪较少发病。

（2）传染源　病猪和带菌猪是主要的传染源，其他带菌动物如犬、猫、家畜（禽）、兔、鼠、狐及人均可带菌，引起鼻炎、支气管肺炎等，因此也能成为传染源。

（3）传播途径　主要是通过飞沫传播，病猪和带菌猪通过接触经呼吸道传染仔猪。

（4）流行特点　本病在猪群中传播比较缓慢，多为散发或地方流行性。任何一种营养成分缺乏，不同日龄的猪混合饲养，拥挤、过冷、过热、空气污浊、通风不良、长期饲喂粉料等饲养方式以及遗传因素等均能促进AR的发生。

【临床症状】AR早期临床症状，多见于6～8周龄仔猪。表现为鼻炎，打喷嚏、流鼻涕和吸气困难。流涕为浆液、黏液脓性渗出物，个别猪因强烈喷嚏而发生鼻衄。病猪常因鼻炎刺激黏膜而表现不安，如摇头、拱地、搔抓或摩擦鼻部直至出血。圈栏、地面和墙壁上布满血迹。发病严重猪群可见患猪两鼻孔出血不止，形成两条血线，吸气时鼻孔开张，发出鼾声，严重的张口呼吸。由于鼻泪管阻塞，泪液增多，在眼内眦的皮肤上形成弯月形湿润区，被尘土沾污后黏结成黑色痕迹，称为"泪斑"。

继鼻炎后常出现鼻甲骨萎缩，致使鼻梁和面部变形，这是AR特征性的临床症状（图2-63～图2-66）。如两侧鼻甲骨病理损伤相同时，外观可见鼻短缩，此时因皮肤和皮下组织正常发育，使鼻盘正后部皮肤形成较深的皱褶；若一侧鼻甲骨萎缩严重，则使鼻弯向同一侧；鼻甲骨萎缩，额窦不能正常发育，使两眼间宽度变小和头部轮廓变形。病猪体温、精神、食欲及粪便等一般正常，但生长停滞，有的成为僵猪。

鼻甲骨萎缩与猪感染时的周龄、是否发生重复感染以及其他应激因素有非常密切的关系。如周龄越小，感染后出现鼻甲骨萎缩的可能性就越大，表现越严重。一次感染后，若无发生重复或混合感染，萎缩的鼻甲骨可以再生。有的鼻炎延及筛骨板，则感染可经此扩散至大脑，发生脑炎。此外，病猪常有肺炎发生，可能是因鼻甲骨结构和功能遭到损坏，异物或继发性细菌侵入肺部造成，也可能是主要病原（Bb或T^+Pm）直接引发肺炎。因此，鼻甲骨的萎缩促进肺炎的发生，而肺炎又反过来加重鼻甲骨萎缩。

图2-63　鼻梁变形

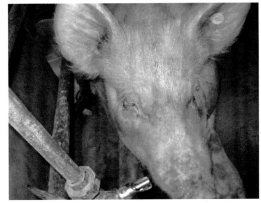

图2-64　鼻梁、面部变形

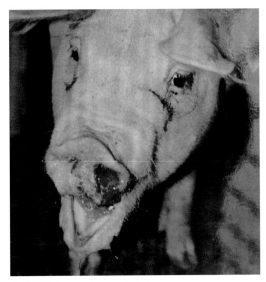

图2-65　上颌短缩、鼻出血

图2-66　鼻梁和面部变形，生长不良

【**病理变化**】一般局限于鼻腔和邻近组织，特征性的病变是鼻腔的软骨和鼻甲骨的软化和萎缩，特别是下鼻甲骨的下卷曲最为常见，也有萎缩限于筛骨和上鼻甲骨的。有的萎缩严重，甚至鼻甲骨消失，而只留下小块黏膜皱褶附在鼻腔的外侧壁上（图2-67～图2-72）。

图2-67 正常鼻甲骨

图2-68 鼻甲骨萎缩变形

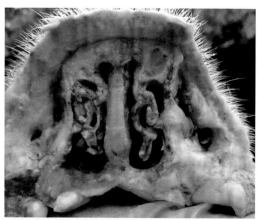

图2-69 鼻甲骨严重萎缩变形

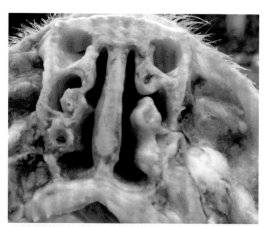

图2-70 鼻甲骨严重萎缩变形

图2-71 鼻甲骨萎缩消失

图2-72 鼻甲骨萎缩消失

鼻腔常有大量的脓性黏液甚至干酪性渗出物，随病程长短和继发性感染的性质而不同。急性期，渗出物含有脱落的上皮碎屑；慢性期，鼻黏膜苍白，轻度水肿，鼻窦黏膜中度充血，有时窦内充满黏液性分泌物。病理变化转移到筛骨时，除去筛骨前面的骨性障碍可见积聚大量的黏液或脓性渗出物。

【诊断】依据频繁喷嚏、吸气困难、鼻黏膜发炎、鼻出血、鼻面部变形和生长停滞可以作出初步诊断。有条件的可用X射线作早期诊断，鼻腔镜检查也是一种辅助性的诊断方法。

（1）X线诊断　应用放射摄影诊断技术，根据猪鼻X线影像的异常改变作出诊断。

（2）病原学诊断　主要是对T$^+$Pm及Bb两种主要致病菌的检查，对T$^+$Pm的检测是诊断AR的关键。鼻腔拭子的细菌培养是常用的方法。

（3）血清学诊断　猪感染T$^+$Pm和Bb后2～4周，血清中即出现凝集抗体，至少维持4个月，但一般仔猪感染后须在12周龄后才可检出。试管血清凝集反应具有较高的特异性，乳胶凝集试验具有特异、简便、快速的特点。

此外，还可用荧光抗体技术和PCR技术进行诊断，已有双重PCR同时检测T$^+$Pm和Bb，其灵敏度和特异性比其他方法更高。

【防治】

（1）免疫接种　现有三种疫苗：Bb（Ⅰ相菌）灭活油剂苗、Bb-T$^+$Pm灭活油剂二联苗、Bb-T$^+$Pm毒素灭活油剂苗。后两种疫苗效果较好。可于母猪产前2个月及1个月分别接种，以提高母源抗体水平，保护初生仔猪几周内不被感染，也可对1～2周龄仔猪进行免疫，间隔2周后进行二免。种公猪每年注射1次。

通过基因工程方法制备的无毒重组毒素疫苗，其保护效果明显，显示了很好的应用前景。和天然毒素相比，重组毒素产量高，不需灭活，更适合生产的需要，这可能是萎缩性鼻炎新型疫苗的发展方向。

（2）药物防制　产毒素多杀性巴氏杆菌和支气管败血波氏杆菌对磺胺类药物等多种抗菌药敏感，但由于药物到达鼻黏膜的药量有限，以及黏液对细菌的保护，难以彻底清除呼吸道内的细菌，因此要求用药剂量要足，持续时间要长些。为了预防母猪传染仔猪，母猪妊娠最后1个月内应给予预防性药物。乳猪出生后3周内，最好选用敏感的抗菌药物注射或鼻内喷雾，每周1～2次，直到断乳为止。育成猪也可用药物进行防制，连用4～5周。

（3）改善饲养管理　采用全进全出的饲养体制；降低猪群饲养密度，严格卫生防疫制度，改善通风条件；保持猪舍清洁、干燥、保暖，减少各种应激。新购入猪，必须隔离检疫。

对有病猪场，实行严格检疫。淘汰有症状的猪；与病猪及可疑病猪有接触的猪应隔离饲养，观察3～6个月；完全没有可疑临床症状者认为健康；如仍有病猪出现则视为不安全，禁止出售种猪和仔猪。良种母猪感染后，临产时要消毒产房，分娩后将仔猪送健康母猪代乳，培育健康猪群。在检疫、隔离和处理病猪过程中要严格消毒。

（4）净化与根除　快速检出产毒素多杀性巴氏杆菌（T$^+$Pm），淘汰带菌猪，建立健康的猪群是根除进行性萎缩性鼻炎的关键。

单元六 猪流感

猪流感（Swine Influenza，SI）是由A型流感病毒引起的猪的一种急性、高度传染性呼吸道疾病。其特征为突然发病咳嗽，呼吸困难，发热，衰竭及迅速康复。

猪流感病毒感染除了对猪的健康有重大意义外，还对人类公共卫生有着重要的意义。多年来的资料和研究都证明，猪与人类流感密切相关，人和猪的流感能相互交叉感染。

【病原】猪流感病毒属于正黏病毒科甲（A）型流感病毒属，为单股多节段RNA病毒。典型的病毒粒子呈球状，有囊膜。囊膜表面有一些糖蛋白突起，这些糖蛋白突起是流感病毒抗原结构的主要成分，同时也是流感疫苗的重要组成部分。糖蛋白突起有两种，即血凝素（HA）和神经氨酸酶（NA）。

已经确认A型流感病毒有16种不同的血凝素（$H_1 \sim H_{16}$）和9种不同的神经氨酸酶（$N_1 \sim N_9$），它们之间的组合构成许多亚型（H_1N_1、H_2N_2、H_3N_2、H_7N_7、H_5N_1等）。各亚型之间无交互免疫力。在猪中流行较广的流感病毒亚型为H_1N_1、禽源H_1N_1、人源H_3N_2和H_1N_2。此外还发现其他的禽流感病毒感染猪的证据，如在中国猪群血清中，检测出禽H_4、H_5和H_9病毒的抗体；在亚洲猪群中分离出H_1N_1、H_3N_2和H_9N_2亚型禽流感病毒；以及在加拿大猪群中分离出禽H_4N_6、H_3N_3和H_1N_1流感病毒。

由于流感病毒的核酸RNA是分节段的（由8条独立的RNA单链组成），不同流感病毒之间混合感染时很容易发生基因交换或重配，导致出现新的抗原型乃至新的亚型。H_1N_2就是H_1N_1和H_3N_2的重配体。人类流感病毒和其他动物流感病毒之间的基因重配被认为可能是人类流感大流行中新毒株的来源。2009年3月在墨西哥人群中暴发，并迅速蔓延到全球的甲型H_1N_1流感，其病原为新变异的H_1N_1亚型毒株，包含人流感病毒、禽流感病毒和猪流感病毒的基因片段。

流感病毒在实验室内培养最常用的是接种9～11日龄鸡胚，33～37℃培养3～5天。流感病毒对多种动物细胞感受性都很高，这些细胞包括犊牛肾细胞、胎猪肺细胞、狗肾细胞、猪肾细胞、鸡胚成纤维细胞和人二倍体细胞等，不产生细胞病变（CPE），但能形成空斑。

流感病毒对干燥和低温有抵抗力。冻干或-70℃可保存数年，60℃经20min可灭活病毒。一般的消毒药物均有很好的杀灭作用。

【流行病学】

（1）易感性　各年龄和品种的猪对猪流感病毒都有易感性。常突然发生，全群猪几乎同时表现症状。猪流感病毒也能感染人。

（2）传染源　病猪和带毒猪。患病痊愈猪带毒6～8周。病毒存在于病猪和带毒猪的鼻液或气管、支气管渗出液以及肺和肺淋巴结内。流感病毒在某些情况下，可从一种动物传给另一种动物，如由人或禽传给猪。

（3）传播途径　呼吸道是主要的传播途径。

（4）流行特点　本病一年四季都有发生，但主要见于寒冷季节。典型的流感常暴发于易感的血清学阴性猪群，发病率几乎高达100%，而死亡率则小于1%。随着流感病毒在猪群中的传播，临床疾病可能持续几周时间。猪群康复后会产生主动免疫，仔猪由初乳获得母源抗体，初乳抗体提供的保护可避免发病，但不能避免感染。猪流感病毒感染的病程及严重性取决于许多因素，包括免疫状况、年龄、感染压力、混合感染、气候条件和畜舍情况等。流感病毒还可与其他病毒或细菌性病原（肺炎支原体、胸膜肺炎放线杆菌、多杀性巴氏杆菌、副猪嗜血杆菌和猪链球菌等）协同作用引起猪的呼吸道疾病综合征。

【临床症状】本病潜伏期为1～3天，通常在第一头病猪出现后24小时，猪群中多数猪同时出现症状，表现为发热（40.5～41.7℃）、扎堆、耳发紫、厌食、倦怠、衰竭等；有的猪表现呼吸急促和腹式呼吸，流鼻涕以及眼结膜潮红等（图2-73，图2-74）。

本病病程较短，如无并发症，多数于5～7天后康复。如有继发感染，则病势加重，发生纤维素性出血性肺炎或肠炎；个别可转为慢性，持续咳嗽，消化不良，瘦弱，可拖延一月以上，引起死亡。

除了临诊明显的疾病外，经常发生亚临诊感染，具有母源免疫力的仔猪感染后多不表现症状。

图2-73　病猪发热、扎堆、耳发紫　　　　图2-74　病猪流鼻涕

【病理变化】单纯猪流感感染的眼观病变主要是病毒性肺炎。病变常出现在肺的尖叶和心叶，在严重病例中肺的一半以上发生病变，通常在病变和正常肺组织之间有明显的界线，肺脏充血，伴有出血，病变部位坚实，呈紫色，有些小叶间质水肿。呼吸道内充满血红色纤维蛋白性渗出液，支气管和纵隔淋巴结肿大。病变常因并发感染尤其是细菌性感染而变得更加复杂（图2-75～图2-78）。

组织学变化可见鼻腔、气管、支气管黏膜上皮细胞纤毛消失，变性坏死，黏膜脱落及细胞浸润。黏膜表面附着一层含有嗜中性淋巴细胞和脱落的上皮细胞的渗出物。有肉眼病变的肺，细支气管上皮细胞变性、坏死及再生；毛细支气管被渗出物堵塞；肺泡组织固有的结构被破坏，上皮细胞增生，细胞浸润，水肿。肺门淋巴结、下颌淋巴结、肩前淋巴结周边水肿，可见到嗜中性淋巴细胞浸润及出血。

【诊断】当急性呼吸道疾病暴发，并且猪群中大多数或全部猪被感染，尤其是在晚秋和初冬比较寒冷的季节，应该怀疑本病。确诊需进行病毒的分离鉴定和特异性抗体的检测。

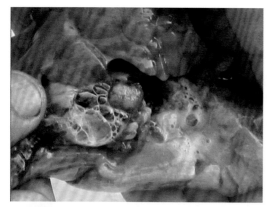

图2-75 气管内充满泡沫

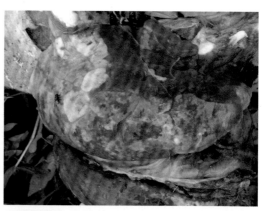

图2-76 间质性肺水肿

图2-77 肺脏充血水肿

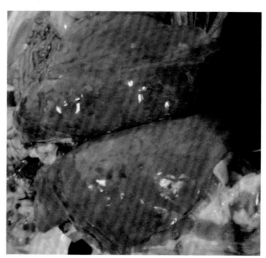

图2-78 肺脏充血伴有出血

病毒的分离鉴定 采发热初期猪的鼻液或鼻咽分泌物，加双抗后，接种于9～11日龄鸡胚或流感病毒的敏感细胞，33～37℃培养3～5天。取羊水或细胞培养物作血凝试验。如阳性，则进一步通过补体结合试验以确定病毒型，血凝抑制试验以确定亚型；如连续传3～5代无血凝特性，则可判为阴性。

可采用中和试验、琼脂扩散试验、对流免疫电泳、神经氨酸酶及其抑制试验、病毒RNA凝胶电泳、ELISA等检查病原；采集急性期和恢复期双份血清，通过补体结合试验、血凝抑制试验检查抗体以确诊。

【防治】本病尚无特异性疗法，主要是加强护理。提供清洁、干燥、温暖的环境，尽量减少各种应激，供给充足的清洁饮水并加入祛痰剂和抗菌药，对减轻症状，控制并发症和继发感染有一定的作用。

有效的生物安全措施是防止易感动物与感染动物、其他动物（如禽类、鸟类）以及工作人员的接触。

免疫接种是预防猪流感的有效措施。在欧洲和美国已有商品化的猪流感灭活疫苗。我国尚无疫苗用于生产。

【**公共卫生**】 人的流感是由流感病毒甲、乙、丙三型引起的。其中以甲型流感引起的危害最大，流行最广，发生最多。由于甲型流感病毒容易发生变异，因此每隔2～3年有一次小流行，每隔二三十年有一次大流行。表现为发热（腋温≥37.5℃）、流涕、鼻塞、咽痛、咳嗽、头痛、肌痛、乏力、呕吐和（或）腹泻。可选用抗病毒药物，如奥司他韦（达菲）或扎那米韦进行预防和治疗。疫苗免疫接种是预防流感的有效措施。

鉴于人流感与猪流感的密切关系，以及猪作为流感病毒"混合器"宿主的地位，加强对猪流感和禽流感的监测、预防和控制，是防治人类流感的重要环节。

第三章

消化道疾病

单元一　猪传染性胃肠炎

猪传染性胃肠炎（Transmissible Gastroenteritis, TGE）是猪的一种急性传染病，以呕吐、水样下痢、脱水为特征，不同品种、年龄的猪均易感，2周龄以内仔猪死亡率高；随着年龄的增长其症状减轻和发病率降低，多呈良性经过。

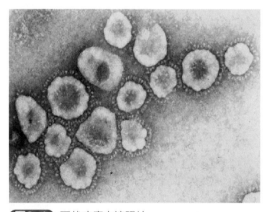

图3-1　冠状病毒电镜照片

【病原】猪传染性胃肠炎病毒（TGEV）属于冠状病毒科冠状病毒属。呈球形、椭圆形或多边形，有囊膜和纤突，基因组为单股正链RNA（图3-1）。只有一个血清型。病毒可在猪肾细胞、甲状腺细胞和唾液腺细胞中培养，引起细胞病变的能力因病毒株而异。病毒存在于病猪的各器官、体液和排泄物中，但以病猪的空肠、十二指肠、肠系膜淋巴结含毒量最高。在病的早期，呼吸系统组织和肾含毒量也相当高。

本病毒不耐热，在4℃以上很不稳定，加热56℃ 45min或65℃ 10min死亡。相反在4℃以下的低温，病毒可以长时间保持其感染性。对光线敏感，在阳光下曝晒6h即被灭活，紫外线能使病毒迅速灭活。病毒在pH4～8稳定，pH2.5时很快被灭活。

病毒对乙醚和氯仿敏感，所有对囊膜病毒有效的消毒剂对其均有效。0.5%石炭酸在37℃处理30min可杀死病毒。

【流行病学】

（1）传染源　主要是病猪和康复带毒猪。病毒主要存在于猪的小肠黏膜、肠内容物、肠系膜淋巴结和扁桃体，随粪便排毒持续8周。

（2）传播途径　主要通过食入被污染的饲料，经消化道感染，也可以通过空气经呼吸道传播，密闭猪舍，湿度大和猪只集中的猪场更易传播。

（3）**易感性**　各种年龄的猪均有易感性，但10日龄以内仔猪的发病率和死亡率较高。断奶猪、生长肥育猪和成年猪发病症状轻微，大多数能自然康复。其他动物对本病无易感性。

（4）**流行特点**　本病多发生在冬春寒冷季节，即11月至次年4月。一旦发生，在猪群迅速传播，数日内可使猪群大部分猪受感染。发生过本病的猪场，特别是常年产仔的繁殖猪场，多表现为仔猪断奶后腹泻，而哺乳仔猪发病轻或不发病。

【**临床症状**】潜伏期随感染猪的年龄不同有差异，仔猪12～24h，生长肥育猪2～4天。

仔猪突然发生呕吐，接着发生急剧的水样腹泻，粪便为黄色或灰色，有时呈白色，并含凝乳块（图3-2）。部分病猪体温先短暂升高，腹泻后体温下降，迅速脱水，很快消瘦，严重口渴，食饮减退或废绝。一般经2～7天死亡，10日龄以内的仔猪有较高的致死率，随着日龄的增长而致死率降低，病愈仔猪生长发育缓慢（图3-3）。

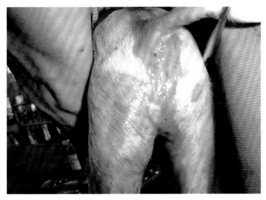

图3-2 病猪黄色稀粪

图3-3 病猪脱水消瘦

生长-肥育猪和成年猪的症状较轻，食欲降低，腹泻、体重迅速减轻，有时出现呕吐。母猪厌食，泌乳减少或停止。一般3～7天恢复，极少发生死亡。

【**病理变化**】主要病变在胃和小肠。仔猪胃内充满凝乳块，胃底部黏膜轻度充血，有时在黏膜下有出血斑（图3-4）。小肠内充满黄绿色或灰白色液状物，含有泡沫和未消化的乳块，小肠壁变薄，弹性降低，肠管扩张呈半透明状（图3-5）。肠系膜血管扩张，淋巴结肿胀，肠系膜乳糜管内见不到乳糜。

图3-4 胃黏膜充血

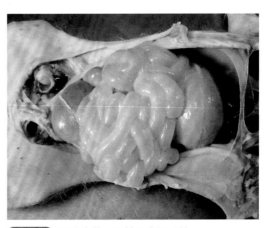

图3-5 肠壁变薄，肠管呈半透明状

组织学检查，黏膜上皮细胞变性，脱落。肾常发生变性，并有白色尿酸盐沉积。

【诊断】 根据流行病学和症状可以作出初步诊断。本病发生于寒冷季节，传播迅速。病猪先呕吐，继而水样腹泻，10日龄以内仔猪致死率高，大猪能迅速恢复。剖检见胃肠道病变，肠绒毛萎缩，可作出初步判断。

确诊可用免疫荧光试验或分子生物学试验（RT-PCR）。

【防治】

（1）治疗 对本病尚无特效的治疗方法，在患病期间采取以下措施可以减轻损失：减少喂料量，尤其是蛋白质饲料；口服补液盐；痢菌净、磺胺类药或大蒜素等抗菌药物拌料或饮水；应用收敛止泻剂和抑制肠道分泌的药物；给猪饮温水，并提高舍内温度；对仔猪进行腹腔补液等综合治疗有一定的疗效。

（2）预防 加强饲养管理，搞好圈舍卫生及保温工作，定期消毒，注意不从疫区或病猪场引进猪只，以免传入本病。

TGE是典型的局部感染和黏膜免疫，只有通过黏膜免疫产生分泌型IgA才具有抗感染能力，IgG的作用很弱。口服、鼻内接种方法可能与刺激产生分泌型IgA的黏膜免疫系统有关，使黏膜固有层淋巴细胞分泌肠内SIgA抗体，除抗体介导免疫外，细胞介导免疫应答在抗TGE感染时也起重要作用。另外，关于TGEV的免疫大多数是对妊娠母猪于临产前20～40天经口、鼻和乳腺接种，使母猪产生抗体。这种抗体在乳中效价较高，持续时间较长。仔猪可从乳中获得母源抗体而得到被动免疫保护，此谓乳源免疫。

我国成功研制出猪传染性胃肠炎与猪流行性腹泻二联灭活苗和弱毒苗，适用于疫情稳定的猪场（特别是种猪场）。已感染TGEV的怀孕母猪经非肠道接种TGE弱毒苗或后海穴接种TGEV自家灭活苗，其抗体水平可得到很大的提高，而对未感染猪非肠道途径接种是无效的。

对怀孕母猪用病料返饲是预防和控制疫情的有效方法，一周后乳腺内即可产生较高水平的抗体，通过乳内抗体保护哺乳仔猪免受感染。返饲的方法：取发病仔猪的小肠加生理盐水，绞肉机或组织捣碎机研磨后按1：10的比例喂给母猪（即一头仔猪的小肠喂给10头母猪），临产一周之前饲喂有效，在流行期间可以迅速控制疫情。

另外，亚单位疫苗、重组活载体疫苗及转基因植物疫苗尚处于研究阶段。

单元二　猪流行性腹泻

猪流行性腹泻（Porcine Epidemic Diarrhea，PED）是由流行性腹泻病毒引起的一种急性接触性肠道传染病。其特征为呕吐、腹泻和脱水。

【病原】 猪流行性腹泻病毒属于冠状病毒科冠状病毒属。病毒粒子呈多形性，略呈球形，外有囊膜，囊膜上有花瓣状突起，基因组为单股RNA。本病毒与猪传染性胃肠炎病毒没有共同的抗原性。

【流行病学】

（1）易感性 本病仅感染猪，各年龄的猪都易感。

（2）**传染源**　病猪是主要的传染源。在肠绒毛上皮和肠系膜淋巴结内存在的病毒随粪便排出，污染环境和饲养用具，以散播传染。

（3）**传播途径**　主要经消化道传染，也可经呼吸道传染。

（4）**流行特点**　哺乳仔猪、断奶仔猪和生长肥育猪发病率几乎达100%，成年母猪为15%～90%。冬春季节发病较多，我国多于每年11月到次年4月流行，夏季也有发生。感染本病康复的母猪所产仔猪，哺乳期没有或只有轻微的临床表现（母源抗体保护的结果），断乳猪和成年猪可发生急性腹泻。生长肥育猪发病后一周左右即可康复。

【**临床症状**】临床症状与典型的猪传染性胃肠炎十分相似。口服人工感染，潜伏期1～2天，自然感染可能更长。哺乳仔猪一旦感染，症状明显，表现呕吐、腹泻、脱水、运动僵硬等症状，体温正常或稍高。腹泻开始时排黄色黏稠便，以后变成水样腹泻。症状轻重与年龄大小有关，年龄越小症状越严重，一周以内仔猪常于腹泻后2～4天死亡，病死率约50%，断奶猪、育成猪症状较轻，出现沉郁、食欲不佳，腹泻可持续一周左右，逐渐恢复正常。成年猪有时仅发生呕吐和厌食（图3-6～图3-9）。

图3-6　母猪水样腹泻

图3-7　仔猪水样腹泻

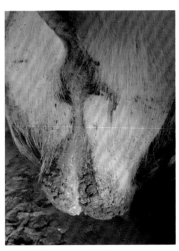

图3-8　种公猪水样腹泻

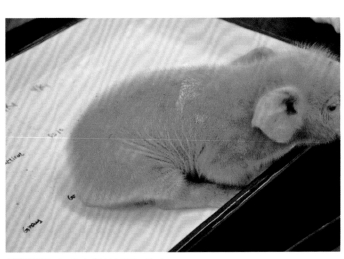

图3-9　仔猪水样稀便沾污体表

【病理变化】 尸体消瘦、脱水，小肠病变具有特征性，通常肠管膨满扩张，充满黄色液体和气体，肠壁变薄，肠系膜充血，肠系膜淋巴结水肿。胃内有未消化凝乳块（图3-10，图3-11）。

显微镜观察小肠绒毛缩短，上皮细胞核浓缩、破碎，细胞质呈强嗜酸性变性、坏死。腹泻12h后，绒毛变得最短，绒毛长度与隐窝深度的比值由正常7∶1降为3∶1。

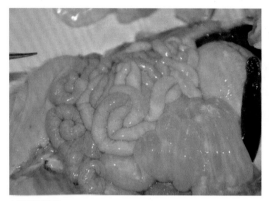
图3-10 肠管扩张，充满黄色液体和气体，肠壁变薄

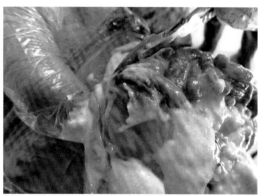
图3-11 胃内未消化凝乳块

【诊断】 本病的流行病学、临床症状和病理变化与猪传染性胃肠炎相似，凭临床症状和病理变化很难进行区别，主要依靠血清学诊断，如酶联免疫吸附试验或免疫荧光抗体染色检查以及分子生物学检查（RT-PCR）。

【防治】 加强免疫与卫生措施，与TGE处理方法相同。

单元三 猪轮状病毒感染

猪轮状病毒感染（Porcine Rotavirus Infection）主要是一种病毒性腹泻，以委顿、厌食、呕吐、腹泻和脱水、体重减轻为特征。10～60日龄的仔猪，常见到自然发生的轮状病毒腹泻。

【病原】 轮状病毒属于呼肠孤病毒科、轮状病毒属，各种动物的轮状病毒在形态上无法区别，完整的病毒粒子略呈圆形，无囊膜，有双层衣壳，因像车轮而得名（图3-12）。

本病毒很难在细胞培养中生长繁殖，有的即使能够增殖，也不产生或仅产生轻微的细胞病变。只有犊牛、猪、鸡、火鸡及人轮状病毒的某些毒株能在一些细胞培养中增殖。

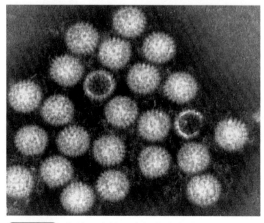
图3-12 负染后电镜观察轮状病毒（×130000）

轮状病毒对外界环境和许多常见消毒剂如碘和次氯酸盐有较强抵抗力，能耐受乙醚、氯仿和去氧胆酸钠，能耐受1%甲醛1h以上。在pH3～10的环境中不会失去传染性。在粪或没有抗体的牛奶中，18～20℃放置7个月仍有感染性。本病毒对胰蛋白酶稳定，而且需要胰蛋白酶活化其感染性。

【流行病学】

（1）易感性　本病毒的易感动物很多。犊牛、仔猪、羔羊、狗、幼兔、幼鹿、猴、小鼠、火鸡、鸡、鸭、珍珠鸡和鸽以及儿童均可自然感染发病。其中以犊牛、仔猪及儿童的轮状病毒最为常见。病毒可从一种动物传给另一种动物，只要病毒在一种动物中持续存在，就有可能造成本病在自然界长期传播，这是本病普遍存在的重要因素之一。各种年龄和品种的猪都有可能感染。发病的多为60日龄以内的仔猪，主要是哺乳期和断奶后。

（2）传染源　患病的人、动物及隐性带毒动物都是重要的传染源。

（3）传播途径　轮状病毒存在于病畜的肠道内，随粪便排到外界环境，污染饲料、饮水、垫草和土壤，经消化道传染而感染其他动物。病愈动物从粪便中排毒持续至少3周。病畜痊愈获得的免疫主要是细胞免疫，它对病毒的持续存在影响时间不长，所以痊愈动物可以再次感染。

（4）流行特点　本病传播迅速，多发生在晚秋、冬季和早春季节。卫生条件不良、大肠杆菌和冠状病毒等合并感染以及喂非全价饲料等，对疾病的严重程度和病死率均有较大影响。

【临床症状】潜伏期18～19h。病初精神委顿，食欲减退，常有呕吐，迅速发生腹泻，粪便呈水样或糊状，黄白色或暗黑色，脱水。症状的轻重决定于发病日龄和环境条件，特别是环境温度下降和继发大肠杆菌病，常使症状严重和死亡率升高。

一般认为，经过免疫的母猪群，在乳汁中常含有较高滴度的抗病毒抗体，可为仔猪提供乳源免疫力，因此轮状病毒腹泻常于断奶后发生或加重。大多数感染为亚临床型或引起轻度腹泻，且死亡率低。在成年猪群，广泛存在抗猪轮状病毒的中和抗体。

【病理变化】病变主要限于消化道。胃弛缓，充满凝乳块和乳汁。肠管很薄，半透明，肠内容物为浆液性或水样，灰黄色或灰黑色，小肠绒毛短缩扁平。

组织学检查可见小肠绒毛顶端溶化，为立方上皮细胞覆盖。绒毛固有层可见淋巴细胞、单核细胞和多形核粒细胞浸润。

【诊断】根据该病多发生在寒冷季节，多侵害仔猪，突然发生黄白或水样腹泻，发病率高而死亡率低以及病变主要在消化道等特点可作出初步诊断。

实验室确诊首推电镜检查，其次为免疫荧光抗体技术。组织细胞培养分离病毒、酶联免疫吸附试验、对流免疫电泳、凝胶免疫扩散试验或补体结合试验也可应用。一般在腹泻开始24h内采小肠及其内容物或粪便，进行荧光抗体检查和细胞培养。

【防治】

（1）加强饲养管理，保持猪舍清洁卫生，对仔猪要注意防寒保暖，增强母猪和仔猪的抵抗力。

（2）在疫区要做到新生仔猪及早吃到初乳以获得保护性抗体，能减少发病或减轻症状。

（3）处理方法可参照TGE。

单元四　猪大肠杆菌病

　　猪的大肠杆菌病，按其发病日龄和病原菌血清型的差异，在仔猪群引起的疾病可分为仔猪黄痢、仔猪白痢和仔猪水肿病三种。成年猪感染后主要表现乳腺炎、尿路感染和子宫内膜炎。本节阐述仔猪的大肠杆菌病。

　　【病原】 大肠杆菌属于肠杆菌科的埃希菌属，为革兰阴性无芽孢的短杆菌（图3-13），有鞭毛和纤毛（图3-14），易在普通琼脂上生长，形成凸起、光滑、湿润的灰白色菌落。本菌对碳水化合物发酵强，在麦康凯琼脂上形成红色菌落（图3-15），HE琼脂上形成橙黄色菌落（图3-16），在SS琼脂上多数不生长，少数形成深红色菌落。大部分肠道大肠杆菌在血液培养基中都具有溶血性。大肠杆菌的抗原构造由菌体抗原（O）、鞭毛抗原（H）和荚膜抗原（K）组成。目前分离的大肠杆菌，O抗原有171种，H抗原有64种，K抗原有103种，其互相组合可形成许多血清型。纤毛（F）抗原亦可用于血清型鉴定。

　　致病性大肠杆菌的许多血清型都可引起猪发病，其中最常见的有O_8、O_{45}、O_{147}、O_{149}、O_{157}、O_{138}、O_{139}、O_{141}等血清型。

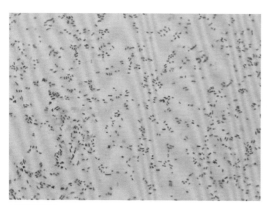

图3-13　大肠杆菌（革兰染色）

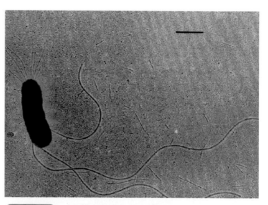

图3-14　大肠杆菌的纤毛和鞭毛

图3-15　麦康凯平板上的大肠杆菌菌落

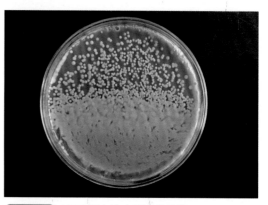

图3-16　HE琼脂上的大肠杆菌菌落

【流行病学】

（1）易感性

① 仔猪黄痢　常发生于出生后1周以内，以1～3日龄最常见，随日龄增加而减少，7日龄以上，很少发生，同窝仔猪发病率90%以上，死亡率很高，甚至全窝死亡。

② 仔猪白痢　发生于10～30日龄仔猪，以2～3周龄较多见，1月龄以上的猪很少发生，其发病率约50%，而病死率低。

③ 仔猪水肿病　常见于断奶后1～2周的仔猪。生长肥育猪和10日龄以下的猪很少见。在某些猪群中有时散发，有时呈地方流行性，发病率一般在10%～30%，但病死率很高，约90%。

（2）传染源　主要是带菌母猪。无病猪场从有病猪场引进种猪或断奶仔猪，如不注意卫生防疫工作，使猪群受感染，易引起仔猪大批发病和死亡。

（3）传播途径　主要经消化道传播。带菌母猪由粪便排出病原菌，污染母猪皮肤和乳头，仔猪吸吮或舐母猪皮肤时，食入感染。

（4）流行特点　仔猪出生后，猪舍保温条件差而受寒，是新生仔猪发生黄痢的主要诱因。初产母猪和经产母猪相比，所产仔猪黄痢发病严重。高蛋白饲养及肥胖的猪容易发生水肿病，去势及转群应激也容易诱发水肿病。

【临床症状】

（1）仔猪黄痢　仔猪出生时体况正常，12h后突然有1～2头全身衰弱，迅速消瘦、脱水，很快死亡，其他仔猪相继发生腹泻，粪便呈黄色糨糊状，并迅速消瘦，脱水，昏迷而死亡（图3-17）。

（2）仔猪白痢　病猪突然发生腹泻，排出糨糊样粪便，灰白或黄白色，气味腥臭，体温和食欲无明显改变，病猪逐渐消瘦，拱背，皮毛粗糙不洁，发育迟缓，病程3～9天，多数能自行康复。

（3）仔猪水肿病　突然发病，表现精神沉郁，食欲下降至废绝，心跳加快，呼吸浅表，病猪四肢无力，共济失调，静卧时，肌肉震颤，不时抽搐，四肢划动如游泳状，触摸敏感，发出呻吟或鸣叫，后期转为麻痹而死亡（图3-18）。体温不升高，部分猪表现出特征症状，眼睑和脸部水肿（图3-19），有时波及颈部、腹部皮下，而有些猪体表没有水肿变化。病程1～2天，个别达7天以上，病死率约90%。

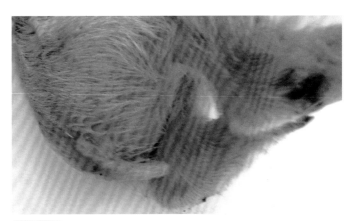

图3-17　病猪粪便呈黄色糨糊状

图3-18 病猪精神萎靡、共济失调

图3-19 病猪出现眼睑水肿

【病理变化】

（1）**仔猪黄痢** 最急性剖检常无明显病变，有的表现为败血症。一般可见尸体脱水严重，肠道膨胀，有多量黄色液状内容物和气体，肠黏膜呈急性卡他性炎症变化，以十二指肠最严重，空肠、回肠次之，肝、肾有时有小的坏死灶（图3-20，图3-21）。

图3-20 病猪肠道膨胀，有多量黄色液状内容物和气体

图3-21 病猪肠道膨胀，有多量黄色液状内容物和气体

（2）**仔猪白痢** 剖检尸体外表苍白消瘦，肠黏膜有卡他性炎症变化，有多量黏液性分泌液，胃食滞。

（3）**仔猪水肿病** 最明显的是胃大弯部黏膜下组织高度水肿，有胶冻样渗出物，胃壁胶样浸润，其他部位如眼睑、脸部、肠系膜及肠系膜淋巴结、胆、喉头、脑及其他组织也可见水肿。水肿范围大小不一，有时还可见胆囊黏膜坏死溃疡和全身性淤血（图3-22～图3-33）。

图3-22 胃壁胶样浸润

图3-23 胃黏膜下胶冻样渗出物

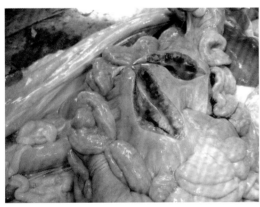

图3-24 肠系膜及其淋巴结水肿

图3-25 结肠系膜胶冻样水肿

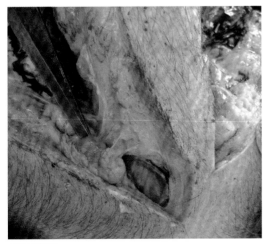

图3-26 下颌淋巴结肿大

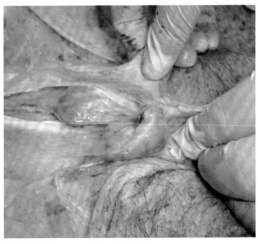

图3-27 腹股沟淋巴结肿大

图3-28　头部皮下水肿

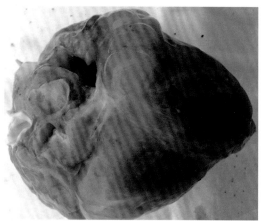

图3-29　心冠脂肪胶样水肿

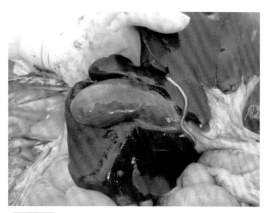

图3-30　胆囊水肿

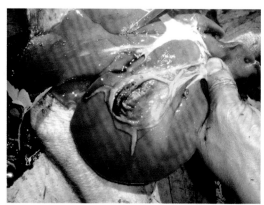

图3-31　胆囊黏膜坏死溃疡

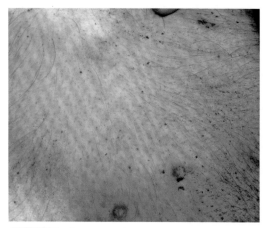

图3-32　皮下黑色淤点

图3-33　喉头黏膜水肿

【诊断】

（1）临床诊断

① 仔猪黄痢　根据新生仔猪突然发病，排黄色稀粪，同窝仔猪几乎全部发病，死亡率高，而母猪健康，无异常，即可初步诊断。

② 仔猪白痢　根据2～3周龄哺乳仔猪成窝发病，体温不变，排白色糨糊样稀粪，剖检仅见胃肠卡他性炎症等特点，即可作出初步诊断。

③ 仔猪水肿病　根据主要发生于断奶后不久的仔猪，常突然发病，病程短，死亡率高，病猪眼睑水肿，叫声嘶哑，共济失调，渐进性麻痹，胃贲门、胃大弯及结肠系膜胶冻样水肿，淋巴结肿胀等特点，即可作出初步诊断。

（2）细菌学检查　主要是进行大肠杆菌的分离鉴定。

【防治】

（1）抓好母猪的饲养管理，保持产房的清洁，哺乳前要对乳房进行清洗和消毒，有乳腺炎的母猪应及早治疗。

（2）加强新生仔猪的护理，尤其是新生仔猪的保暖防寒措施，及早哺喂初乳，并做好补铁、补硒工作。

（3）对发病严重的猪场，仔猪出生后12h内进行预防性投药（口服或注射），可减少发病和死亡。敏感的药物有氟喹诺酮类、氨基糖苷类、多黏菌素、氟苯尼考和磺胺类药等。

（4）断奶或应激时注射长效抗菌药对预防仔猪水肿病有很好的作用，也可通过饲料和饮水添加药物进行预防。

（5）免疫预防。随着生物工程技术的发展，相继研制成功了大肠杆菌的基因工程苗，目前有K88-K99、K88-LTB、K88-K99-987P三种，母猪产前40天和15天各注射1次，对仔猪黄痢和白痢有一定的预防作用，能降低发病率。

单元五　猪副伤寒

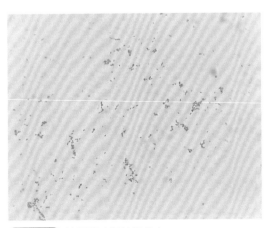

图3-34　沙门菌（革兰染色）

猪副伤寒（Swine Paratyphoid），又称猪沙门菌病（Swine Salmonellosis），是由沙门菌引起的1～4月龄仔猪的一种传染病，以急性败血症或慢性坏死性肠炎为特征，常引起断奶仔猪大批发病，如伴发或继发其他疾病或治疗不及时，死亡率较高，造成较大的损失。该病在公共卫生上有重要意义，动物生前感染沙门菌或食品受到污染可使人发生食物中毒。

【病原】沙门菌属于肠杆菌科的沙门菌属，革兰阴性（图3-34），不产生芽孢，无荚膜，绝大部分沙门菌都有鞭毛，能运动。

在猪的副伤寒病例中，各国所分离的沙门菌的血清型相当复杂，其中主要有猪霍乱沙门菌、鼠伤寒沙门菌、猪伤寒沙门菌、肠炎沙门菌等。

沙门菌为需氧或兼性厌氧菌，最适宜生长温度为35～37℃，最适合pH6.8～7.8。本菌对营养要求不高，在普通琼脂培养基生长良好，形成圆形、光滑、无色半透明的中等大小菌落，在SS琼脂和HE琼脂上都呈黑色菌落，但猪伤寒沙门菌生长贫瘠。

沙门菌对干燥、腐败、日光等因素具有一定抵抗力，在外界环境可存活数周至数月。60℃经1h，72℃经20min，75℃经5min可将其杀死。对化学消毒药的抵抗力不强，常用的消毒药均能将其杀死。

【流行病学】

（1）易感性　人、各种畜禽及其他动物对沙门菌属的许多血清型都有易感性，不分年龄大小均可感染，幼龄动物易感性最高。猪多发生于1～4月龄的仔猪。

（2）传染源　病猪和带菌猪是主要的传染源，猪霍乱沙门菌感染康复猪，一部分能持续排菌。肠淋巴结带菌的健康猪，由于运输等应激因素而排菌。

（3）传播途径　病菌污染饲料和饮水，经消化道感染，另外可经精液传播和子宫内感染。鼠类可以传播本病。健康畜禽的带菌现象很普遍，病菌潜伏于消化道、淋巴组织和胆囊内，当外界不良因素使机体抵抗力降低时可发生内源性感染。

（4）流行特点　本病无季节性，但多雨潮湿季节发病较多。一般呈散发或地方流行性。各种应激（如天气突变）、营养障碍、寄生虫和病毒感染等可导致暴发。本病多与猪瘟混合感染（并发或继发），发病率和死亡率高，病程短。

【临床症状】

（1）败血症型　病猪体温升高，41～42℃，食欲废绝，呼吸困难，耳、四肢、腹下部等皮肤有弥漫性红斑或紫斑，有时后肢麻痹，黏液血性下痢或便秘，病死率很高，病程1～4天（图3-35，图3-36）。

图3-35　皮肤弥漫性红斑

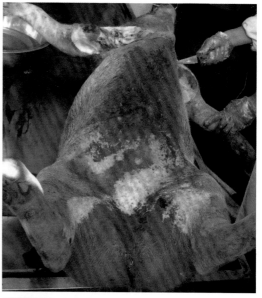

图3-36　皮肤弥漫性红斑

（2）小肠结肠炎型（亚急性和慢性型） 临床常见的类型，病猪体温升高（40.5～41.5℃），精神沉郁，食欲不振，被毛失去光泽，一般出现水样黄色恶臭下痢，呕吐，有时也出现呼吸道症状。眼结膜潮红、肿胀，有黏性脓性分泌物，少数发生角膜混浊，严重者发生溃疡。病猪由于下痢、脱水而很快消瘦。在病的中、后期皮肤出现弥漫性湿疹。病程2～3周甚至更长，最后极度消瘦，衰竭死亡。有时病猪症状逐渐减轻，状似恢复，但以后生长缓慢或又复发。病死率25%～50%。

【病理变化】

（1）败血症型 病猪耳、胸腹下部皮肤有蓝紫色斑点。全身浆膜与黏膜以及各内脏有不同程度的点状出血。全身淋巴结肿大、出血，尤其是肠系膜淋巴结索状肿大。脾脏肿大，呈蓝紫色，硬度似橡皮，被膜上可见散在的出血点。肝肿大、充血、出血，有时肝实质可见针尖至小米粒大黄灰色坏死点（图3-37、图3-38）。肾皮质可见出血斑点。心包和心内、外膜有点状出血。肺常见淤血和水肿，小叶间质增宽，气管内有白色泡沫。卡他性胃炎及肠黏膜充血和出血并有纤维素性渗出物。

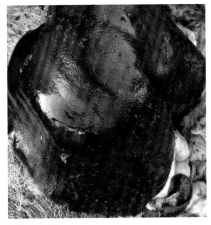
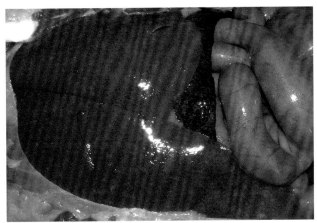

图3-37 肝脏有坏死点　　图3-38 肝脏有坏死点

（2）小肠结肠炎型 亚急性和慢性的病猪尸体极度消瘦，在胸腹下部、四肢内侧等皮肤上，可见绿豆大小的痂样湿疹。特征性的病变是回肠、盲肠、结肠呈局灶性或弥散性的纤维素性坏死性炎症，黏膜表面坏死物呈糠麸样，剥开可见底部呈红色、边缘不规则的溃疡面，有出血现象。少数病例滤泡周围黏膜坏死，稍突出于表面，有纤维蛋白渗出物积聚，形成隐约可见的轮环状。肠系膜淋巴结肿胀，切面灰白色似脑髓样，并且常有散在的灰黄色坏死灶，有时形成大的干酪样坏死物。脾肿大，色暗带蓝，似橡皮。肝有时可见黄灰色坏死点（图3-39～图3-44）。肺的尖叶、心叶和膈叶前下部常有卡他性肺炎病灶。

【诊断】根据流行病学、临床症状和病理变化可作出初步诊断，确诊需从病猪的血液、脾、肝、淋巴结和肠内容物等进行沙门菌的分离和鉴定。

【防治】

（1）治疗 应尽早地治疗发病猪，首选药物为阿米卡星，其次是氟苯尼考、恩诺沙星、卡那霉素等。与发病猪同圈、同舍的猪群可在饲料中添加抗菌药，对于慢性病猪应及时给予淘汰。

图3-39　大肠黏膜纤维素性坏死性假膜

图3-40　大肠黏膜出血

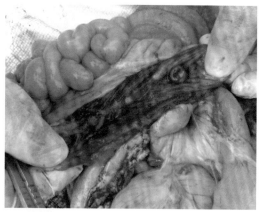

图3-41　盲肠出血

图3-42　结肠炎

图3-43　肠系膜淋巴结淤血肿胀

图3-44　肝脏有坏死点

（2）预防　本病应从加强饲养管理，消除发病诱因，保持饲料和饮水的清洁卫生等方面着手。在本病的常发地区和猪场，应对仔猪进行疫苗接种。出生后一个月龄以上的仔猪均可使用。

单元六　猪增生性肠病

猪增生性肠病（Porcine Proliferative Enteropathy，PPE）又称增生性肠炎，是生长育成猪常见的肠道传染病。在文献中描述相似病征的其他名称还有坏死性肠炎（NE）、增生性出血性肠病（PHE）、猪回肠炎（PI）。

慢性病例表现为育成猪间歇性下痢，食欲下降，生长迟缓；急性病例表现为血样下痢和突然死亡。剖检特征为小肠及结肠黏膜增厚。病理组织学变化以回肠和结肠隐窝内未成熟的肠细胞发生腺瘤样增生为特征。

本病现已分布世界各主要养猪国家，呈地方性流行。

【病原】胞内劳森菌是一种专性胞内寄生菌，长 1.25 ～ 1.75μm，宽 0.25 ～ 0.34μm，多呈弯曲形、S形或逗点状，无鞭毛和纤毛。革兰氏阴性，抗酸染色阳性，能被镀银染色法着色，用改良 Ziehl-Neelsen 染色法细菌被染成红色。

该菌在不含细胞的培养基不能生长，也不适应在鸡胚生长，但在鼠、猪和人肠细胞系上能生长，感染细胞单层一般不出现细胞病变。该菌微需氧，环境控制在 O_2 ： CO_2 ： H_2 ： N_2 为 6 ： 7 ： 7 ： 80，或只控制 CO_2 为5%即可生长。

该菌在 5 ～ 15℃环境中至少能存活 1 ～ 2周，对季铵盐消毒剂和含碘消毒剂敏感。

目前，该菌在细菌学的分类上尚无定论。16SrRNA系统分析显示，该菌与脱硫弧菌科其他成员的相似性为91%，但该菌的脱硫能力尚未得到证明。

【流行病学】

（1）易感性　猪是本病的易感动物，仓鼠、豚鼠、大鼠、雪貂、狐狸、家兔、羔羊、幼驹、狗、鹿、猴、鸵鸟等也可发生本病。断乳猪至成年猪均有发病报道，但以6 ～ 16周龄生长肥育猪易感。

（2）传染源　病猪和带菌猪是本病的传染源。感染后7天可从粪便中检出病菌，感染猪排菌时间不定，但至少为10周。

（3）传播途径　病原菌随粪便排出体外，污染外界环境，并随饲料、饮水等经消化道感染。此外，鸟类、鼠类在本病的传播过程中也起重要的作用。

（4）流行特点　本病的发生与外界环境等多种因素有关。天气突变、长途运输、饲养密度过高、更换饲料、并栏或转栏等应激以及抗菌药类添加剂使用不当等因素，均可成为本病的诱因。据国外报道，屠宰时5% ～ 30%的猪有该病的病变，有时达40%；病死率一般为1% ～ 10%，有时高达40% ～ 50% 。多数猪呈隐性感染，临床以慢性病例最常见，死亡率不高，但可引起病猪生长缓慢，增加饲养成本。

【临床症状】人工感染潜伏期为8 ～ 10天，自然感染潜伏期为2 ～ 3周，攻毒后21天达到发病高峰。临诊表现可以分为以下三型。

（1）**急性型**　较少见，可发生于 4 ～ 12 月龄的成年猪。表现为急性出血性贫血，血色水样腹泻，病程稍长时，排黑色柏油样稀粪，后期转为黄色稀粪。有些突然死亡的猪仅见皮肤苍白而粪便正常。该型常在短时间内造成许多猪发病，死亡率高（12% ～ 50%），尤其是后备母猪。

（2）**慢性型**　本型最常见，多发生于 6 ～ 20 周龄的生长猪。病猪表现食欲减退，精神沉郁，被毛粗乱，消瘦，皮肤苍白，间歇性下痢，粪便变软、变稀或呈糊状，有时混有血液或坏死组织碎片。如症状较轻及无继发感染，有的猪在发病 4 ～ 6 周后可康复，但有的则成为僵猪。

（3）**亚临床型**　感染猪体内有病原体存在，由于无明显症状或症状轻微不引起人们的关注，但生长速度和饲料利用率下降。

【**病理变化**】病变多见于小肠末端的 50cm 和结肠螺旋的上 1/3 处。肠壁增厚，肠管直径变粗，浆膜下和肠系膜常见水肿。肠黏膜形成横向和纵向皱褶，黏膜表面湿润而无黏液，有时附有颗粒状炎性分泌物，黏膜肥厚。

坏死性肠炎的病变还可见凝固性坏死和炎性渗出物形成灰黄色干酪样物，牢固地附着在肠壁上。

局限性回肠炎的肠管肌肉显著肥大，如同硬管，习惯上称"软灌肠"（类似于塑料制的水龙带）。打开肠腔，可见溃疡面，常呈条形，毗邻的正常黏膜呈岛状。

增生性出血性肠病的病变同增生性肠病，但很少波及大肠，回肠壁增厚，小肠内有凝血块，结肠中可见黑色焦油状粪便。结肠黏膜水肿、肥厚，有出血（图 3-45 ～图 3-48）。肠系膜淋巴结肿大，切面多汁。

组织学检查时，黏膜由不成熟的上皮细胞排列形成肿大的分支状腺窝。正常腺窝只有一层细胞厚，而感染的病变腺窝常常有 5 ～ 10 层或更多层细胞那么厚。很明显，整个腺窝出现大量有丝分裂现象。其他感染细胞的核可表现为肿大的小泡结构或呈颜色较深的细长纺锤形。杯状细胞多缺乏，而如果杯状细胞重新出现在肠腺窝深处，则预示炎症开始消退。没有并发症的病例，黏膜固有层都是正常的。银染、特异性免疫学染色或电镜观察，可以发现感染的部位有大量的胞内劳森菌，位于感染的上皮细胞顶端胞浆中。

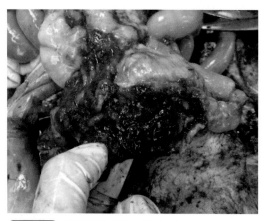

图3-45　结肠黏膜水肿、肥厚，有出血

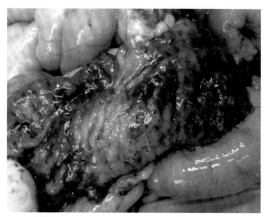

图3-46　结肠黏膜水肿、肥厚，有出血

图3-47 结肠黏膜水肿、肥厚，有出血　　**图3-48** 结肠黏膜水肿、肥厚，有出血

【诊断】根据临床症状及剖检病变可作出初步诊断。尸体剖检时，对肠黏膜涂片，并用改良的Ziehl-Neelsen染色法检查细胞内细菌，是一种简单的方法。对病变的肠段进行病理组织学检查，见到肠黏膜不成熟的细胞明显增生有助于诊断。

用适宜的细胞系，如IEC-18大鼠肠细胞或IPEC-12猪肠细胞以分离病原菌，是一种可靠的诊断方法。

此外，还可采集猪粪便或血清，应用聚合酶链式反应、免疫荧光试验及酶联免疫吸附试验等技术进行诊断。

【防治】

（1）加强饲养管理

① 实行全进全出制，有条件的猪场可考虑实行多地饲养、早期隔离断奶（SEW）等现代饲养技术。

② 严格消毒，灭鼠，搞好粪便管理，尤其是哺乳期间应尽量减少仔猪接触母猪粪便的机会。

③ 尽量减少应激反应，转栏、换料前给予适当的药物可较好地预防该病。

（2）药物防治　抗菌药物对本病有一定的治疗效果。目前常用的抗菌药有大环内酯类（如泰乐菌素）、四环素类、双萜烯类（泰妙菌素、沃尼妙林等）、喹噁啉类和林可霉素等。

（3）免疫接种　国外已研制出猪增生性肠病无毒活疫苗，据报道能有效控制本病。

单元七　猪痢疾

猪痢疾（Swine Dysentery）俗称猪血痢，是一种以黏液出血性腹泻为主要临床表现的猪肠道传染病，目前遍及世界各主要养猪国家。本病于1978年由美国引进种猪时传入，现已遍及我国的大部分养猪地区。该病一旦侵入，常不易根除，并可导致病猪死亡，生长率降低，饲料消耗率和药物防治费用增加，给养猪业带来巨大的经济损失。

【病原】本病主要病原体为猪痢疾短螺旋体，属于螺旋体科短螺旋体属。病菌体长

6～8.5μm，宽0.3～0.6μm，多为2～4个弯曲，有的5～6个弯曲，两端尖锐呈疏松卷曲的螺旋状。革兰染色阴性。有运动力和溶血性，苯胺染液着色良好。

猪痢疾短螺旋体为严格厌氧菌，需以胰酶消化酪蛋白大豆蛋白胨、血液琼脂或胰酶消化酪蛋白豆胨肉汤培养基，在80%H_2和20%CO_2以冷钯为催化剂的厌氧条件下进行培养，37～42℃培养6天。在血液琼脂上呈现明显的溶血，在溶血区带的边缘，可见云雾状薄层生长物或针尖大的透明菌落。

本菌在结肠和盲肠的致病性不依赖于其他微生物，但结肠和盲肠固有厌氧微生物可协助本菌定居并导致病变严重，所以猪痢疾短螺旋体口服感染健康猪或无特定病原体猪可以产生症状和病变，而口服感染无菌猪则无任何症状和病变。

猪痢疾短螺旋体在粪便中5℃存活61天，25℃存活7天，在土壤中4℃能存活18天。纯培养物在厌氧条件下4～10℃至少存活102天。对消毒液的抵抗力不强，对高温、氧气、干燥等敏感。

【流行病学】不同年龄、品种的猪均有易感性，以7～12周龄猪发病最多，其他动物无感染发病的报道。病猪和带菌猪是本病的主要传染源。康复猪的带菌率很高，带菌时间可长达数月。有的母猪虽无症状，但其粪中的病菌仍可引起哺乳仔猪感染并污染周围环境、饲料、饮水、用具及运输工具。从病猪场的野鼠及犬中可分离出猪痢疾短螺旋体、燕八哥、苍蝇也可带菌，是不可忽视的传播者。

本病的发生无季节性，流行过程缓慢，先有几头猪发病，以后逐渐蔓延，并在猪群中常年不断发生，流行期长。多种应激因素，如饲养管理不良，维生素和矿物质缺乏，猪栏潮湿，猪群拥挤，气候多变和长途运输等均可促进本病的发生。经短期治疗的猪，停药3～4周后，又可复发。

【临床症状】潜伏期长短不一，可短至2天，长达3个月，一般为7～14天。人工感染为3～21天。

（1）最急性型　往往见不到腹泻症状于数小时内死亡，该病例不常见。

（2）急性型　病初排黄色至灰色的软便，减食，体温升高至40～40.5℃。数小时或数天后，粪便中含有大量半透明的黏液而使粪便呈胶冻状，多数粪便中含有血液和血凝块以及脱落的黏膜组织碎片。同时表现食欲减退，饮欲增加，腹痛并迅速消瘦。有的死亡，有的转为慢性。

（3）亚急性和慢性型　多见于流行的中后期。亚急性病程为2～3周，慢性为4周以上。下痢时轻时重，反复发生。下痢时粪便含有黑红色血液和黏液（如油脂状）（图3-49）。进行性消瘦、贫血、生长迟滞，呈恶病质状态。少数康复猪经一定时间复发，甚至多次复发。

【病理变化】主要病变局限于大肠（结肠、盲肠和直肠），回盲口为其明显分界。

最急性和急性型病例表现为卡他性

图3-49　病猪粪便含有血液和黏液

出血性肠炎，病变肠管肿胀，黏膜充血、出血，肠腔充满黏液和血液。病程稍长的病例，黏膜表面见坏死点以及黄色或灰色伪膜，覆有混血黏液，坏死常限于黏膜表面（图3-50，图3-51）。大肠系膜充血、水肿，淋巴结增大。小肠和小肠系膜淋巴结常不受侵害。其他器官无明显变化。

亚急性和慢性型表现为纤维素性、坏死性大肠炎，肠黏膜表面形成伪膜，剥去伪膜露出浅表糜烂面。

图3-50 结肠出血

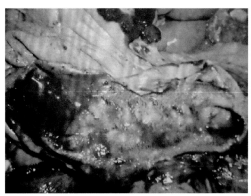
图3-51 肠黏膜表面覆有混血黏液

【诊断】 根据本病的流行病学、临床症状和剖检病变可作出初步诊断，确诊需要进行实验室检查。

（1）临床综合诊断 本病的流行缓慢，持续时间长，常发生于断乳后的架子猪，哺乳仔猪和成年猪较少发生。排灰黄色至血脓样稀粪。病变局限于大肠，呈卡他性、出血性、坏死性炎症。

（2）病原学诊断

① 直接镜检法 用棉拭子取病猪大肠黏膜或血脓样粪便抹片染色镜检或暗视野或相差显微镜检查，但本法对急性后期、慢性、隐性及用药后的病例，检出率低。

② 分离和鉴定 目前诊断本病较为可靠的方法。常以直肠拭子取大肠黏液或粪样，加入适量pH7.2的PBS溶液，直接划线于加有大观霉素或多黏菌素等的选择性培养基，厌氧条件下38～42℃培养4～6天，如果观察到无菌落的β溶血区，可在溶血区内钩取小块琼脂，划线继代分离培养，并同时作抹片镜检，观察菌体形态。进一步鉴定时，可做肠致病性试验（口服感染试验和结肠结扎试验）和血清学试验。

（3）血清学诊断 主要有凝集试验（试管法、玻片法、微量凝集、炭凝集）、免疫荧光试验、间接血凝试验、酶联免疫吸附试验等方法，其中凝集试验及酶联免疫吸附试验具有较好的实用价值。

【防治】

（1）治疗 常用的抗菌药物有截短侧耳素类的泰妙菌素、沃尼妙林，大环内酯类的泰乐菌素，林可胺类的林可霉素，氟喹诺酮类的环丙沙星、恩诺沙星，其他如杆菌肽、多黏菌素、螺旋霉素、庆大霉素、二甲硝咪唑、痢菌净等已被广泛应用，常用饮水给药或饲料给药，配合使用口服补液盐饮水。

（2）预防　至今国内外尚无可以推广应用的有效菌苗。在饲料中添加抗菌药物虽可控制发病，但停药后又复发，难以根除，因此，必须采取综合性预防措施，并配合药物防治，才能有效地控制或消灭本病。

单元八　仔猪梭菌性肠炎

仔猪梭菌性肠炎（Clostridial Enteritis of Piglets），俗称仔猪红痢，是由C型和/或A型产气荚膜梭菌引起的1周龄仔猪高度致死性的肠毒血症，以血性下痢，病程短，病死率高，小肠后段的弥漫性出血或坏死为特征。

【病原】产气荚膜梭菌，亦称魏氏梭菌，根据产毒素能力分为A、B、C、D和E五个血清型。一般认为，C型菌株是引起2周龄内仔猪肠毒血症与坏死性肠炎的主要病原，A型菌株与哺乳及生长-肥育猪的肠道疾病有关，导致轻度的坏死性肠炎与绒毛退化，但越来越多的证据表明，A型菌株也是仔猪梭菌性肠炎的主要病因。

产气荚膜梭菌为革兰阳性大杆菌，有荚膜，不运动，能形成芽孢，呈卵圆形，位于菌体中央或偏端（图3-52）。本菌为严格厌氧菌。细菌形成芽孢后，对外界环境的抵抗力强，80℃ 15～30min，100℃ 5min才被杀死，冻干保存至少10年，其毒力和抗原性不发生变化。

本菌可产生致死毒素，主要是α毒素和β毒素，可引起仔猪的肠毒血症和坏死性肠炎。

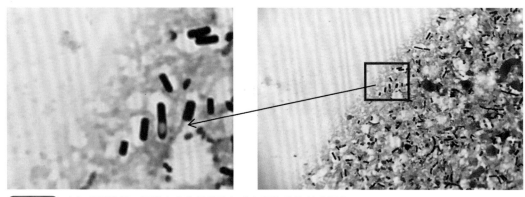

图3-52　产气荚膜梭菌　肠道内容物革兰染色（左侧为芽孢放大图）

【流行病学】本病主要侵害1周龄以内仔猪，尤其是1～3日龄仔猪，保育猪和成年猪偶有发病。在同一猪群各窝仔猪的发病率不同，最高可达100%，病死率一般为20%～70%。此菌常存在于一部分母猪的肠道中，随粪便排出，污染垫料及哺乳母猪的乳头，仔猪生后不久即经消化道感染发病。本病除猪和绵羊易感外，马、牛、鸡、兔等动物也可感染。

本菌在自然界分布很广，存在于人畜肠道、土壤、下水道和尘埃中，猪场一旦发生本病，不易清除。

【临床症状】按病程经过分为最急性型、急性型、亚急性型和慢性型。

（1）最急性型　仔猪出生后，1天内就可发病，临床症状多不明显，只见仔猪后躯沾满血样稀粪，病猪虚弱，很快进入濒死状态。少数病猪尚无血痢便昏倒和死亡。

（2）急性型　最常见。病猪排出含有灰色组织碎片的红褐色液状稀粪，消瘦、虚弱，病程常维持2天，一般在第三天死亡。

（3）亚急性型　持续性腹泻，病初排出黄色软粪，以后变成液状，内含坏死组织碎片。病猪极度消瘦和脱水，一般5～7天死亡。

（4）慢性型　病程1周以上，间歇性或持续性腹泻，粪便呈黄灰色糊状，病猪逐渐消瘦，生长停滞，数周后死亡或淘汰。

【病理变化】主要表现为小肠，尤其是空肠出现长短不一的出血性坏死（图3-53，图3-54），外观肠壁呈深红色，两端界限分明，肠内充满气体、含血的液体及红褐色内容物并混有气泡，肠浆膜下层也有气泡。病程长者，肠壁增厚，肠黏膜坏死，有黄色或灰色坏死伪膜，易剥离。腹水增多呈血样。

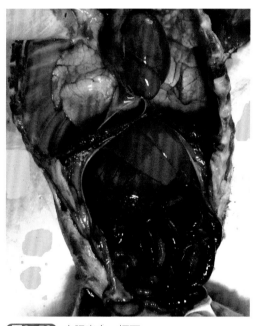 

图3-53　小肠出血、坏死　　　　　图3-54　小肠出血、坏死

【诊断】根据流行病学、临床症状和病理变化特点可作初步诊断。确诊必须进行实验室检查。查明病猪肠道是否存在A型或C型产气荚膜梭菌毒素对本病的诊断有重要意义。取病猪肠内容物，加等量灭菌生理盐水，以3000r/min离心沉淀30～60min，上清液经细菌滤器过滤。将实验动物小鼠分成两组，取滤液按0.2～0.5mL/只静脉注射一组，将滤液与A型和/或C型产气荚膜梭菌抗毒素血清混合，作用40min后注射另一组小鼠。如只有注射滤液的小鼠死亡，而另一组小鼠健活，即可确诊。检测细菌毒素基因类型的PCR与多重PCR及毒素表型的Western blot等方法也可用来诊断本病。

【防治】本病发病迅速，病程短，发病后药物治疗效果不佳，新生仔猪口服抗菌药如阿莫西林、地美硝唑等，作为紧急预防用药。

注意产床卫生和母猪体表的清洁可以减少本病的发生和传播。给怀孕母猪注射菌苗，仔猪出生后吮食初乳可以获得免疫，这是预防仔猪红痢最有效的方法。目前采用 C型魏氏梭菌类毒素苗，于临产前一个月进行免疫，两周后重复免疫一次。仔猪出生后注射抗猪红痢血清3～5mL，可以有效地预防本病的发生，但注射要早，否则效果不佳。已经证实，A型魏氏梭菌也是本病的主要病因，因此，建议针对A与C两型细菌采取预防措施。

单元九　猪念珠菌病

念珠菌病是由念珠菌感染引起的主要发生于黏膜（少量发生于皮肤）的一种真菌性疾病。猪念珠菌病可分为由白色念珠菌所致的上消化道念珠菌病和由克柔念珠菌所致的下消化道念珠菌病两个类型。

【病原】念珠菌属于半知菌亚门、芽生菌纲、隐球酵母目、隐球酵母科，又称为假丝酵母菌。已发现100余种，广泛存在于空气、水、土壤、饲料中，以及人和动物的皮肤和黏膜上，其中少数是人和动物正常菌群的成员和条件性病原微生物。念珠菌在培养基上生成白色或乳白色酵母型菌落。菌体为圆形或椭圆形，营芽生方式繁殖，椭圆形芽生孢子的芽管延长形成假菌丝；不产生子囊孢子；在菌丝上生成芽生孢子，其排列方式为某些念珠菌的生长特性。从病灶和明显健康的猪粪便中已经分离出白色念珠菌、热带念珠菌、类热带念珠菌、布鲁念珠菌、斯卢念珠菌、卢氏念珠菌、溶脂念珠菌、克柔念珠菌和斯考念珠菌，其中白色念珠菌（图3-55）、克柔念珠菌与特殊病灶的形成关系最为密切。

图3-55　白色念珠菌（革兰染色）

【流行病学】本病主要发生于哺乳仔猪和保育猪。在饲养管理不良、缺乏维生素、应用免疫抑制剂或大剂量长期应用抗生素引起菌群失调的情况下可能引起内源性感染。从猪舍、饲料和饮水中可检出白色念珠菌，在正常猪的皮肤、口腔、胃肠道中也有少量存在。口腔已感染的猪，可经粪便和口腔唾液排菌。还从鸟类、啮齿类和其他动物的粪便中分离到白色念珠菌，它们可能引起宿主发病，使其成为猪的传染源。环境中的白色念珠菌在潮湿的条件下，可在适当的基质（如溢出的食物和垃圾）上增殖。

【临床症状】猪上消化道念珠菌病主要发生于断奶仔猪和哺乳仔猪。在临诊上表现为采食障碍、食欲不振和消瘦。可见整个口腔黏膜覆盖一层不易擦掉的微白色伪膜（类似人的鹅口疮）。感染猪多因继发细菌感染而死亡。

猪下消化道念珠菌病主要发生于断奶仔猪的后期。临诊上主要表现为腹泻和体重减轻。这种病例多因继发细菌性感染而迅速死亡。患病的仔猪营养不良，并有慢性腹泻。

【病理变化】在舌背、咽部（较少），有时在软腭或硬腭出现直径为2～5mm的圆形白斑。这些白斑可相互融合，形成大片伪膜，可阻塞食管、喉头（图3-56，图3-57）。病灶进一步向食道扩展，并在胃黏膜上出现。在胃贲门区出现小出血灶，而在食道区、胃底部形成白色伪膜病灶，但严重感染猪很像慢性肠炎，肠绒毛膜萎缩和黏膜增厚。伪膜去掉后，见黏膜表面充血，很少有溃疡。在较大一些的猪中，可以从胃溃疡病灶中分离到白色念珠菌，但这些猪在眼观上与未感染猪没有什么不同。

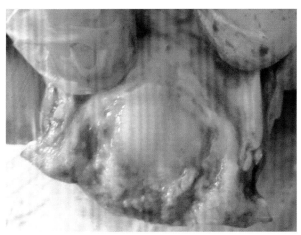

图3-56 咽喉部白色伪膜

图3-57 咽喉部白色伪膜

皮肤感染后，可出现肉眼可见病变，包括表面有灰色的沉积物，表皮增厚，以及被毛脱落。

显微病变包括上皮表面存在大量念珠菌，上皮中有深染的1.5～2μm长的假菌丝。在舌部病灶中，可见乳头下腔有念珠菌和假菌丝。在感染性胃溃疡的周围，也有大量菌和假菌丝。感染的上皮常呈退行性变化，包括上皮细胞脱落、毛细血管扩张、黏膜下层或真皮水肿（取决于上皮表面的吸附力），以及存在炎性细胞。早期病变中，存在嗜碱性粒细胞、巨噬细胞、浆细胞和淋巴细胞。

【诊断】根据黏膜表面白色的伪膜并结合用药史可以作出初步诊断，进一步确诊需要参照病原学检查结果。

【防治】

（1）治疗　两性霉素B对仔猪有效，每天2次，每次每千克体重0.5mg。亦可应用制霉菌素。患有皮肤念珠菌病的猪可使用适宜的皮肤消毒剂进行擦拭。

（2）预防　加强饲养管理，改善卫生条件，保持舍内干燥通风，防止潮湿拥挤。在仔猪更换饲料时，要逐渐改变，饲料中应含丰富的维生素。避免长期使用广谱抗菌药物。

单元十　猪蛔虫病

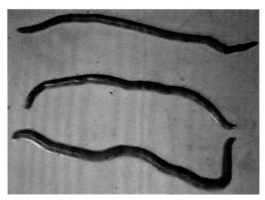

图3-58 猪蛔虫

图3-59 猪蛔虫

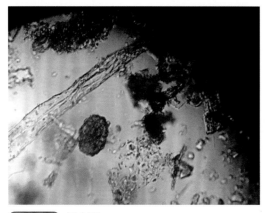

图3-60 蛔虫卵

猪蛔虫病是由猪蛔虫寄生在猪的小肠中而引起的一种常见的寄生虫病，其流行和分布极为广泛，3～6个月龄的小猪最易感染。当猪只感染后，生长发育不良，甚至可引起死亡。因此，此病对养猪业生产的发展有很大影响。

【病原】猪蛔虫是一种大型线虫，雄虫长15～25cm，尾端向腹面弯曲，形似鱼钩；泄殖腔开口在尾端附近，有一对交合刺。雌虫比雄虫粗大，长20～40cm，尾直，无钩；虫卵为椭圆形，大小为（50～75）cm×（40～80）cm，卵壳厚，外被一层凹凸不平的蛋白膜，内为圆形卵细胞，感染性虫卵内含第二期幼虫（图3-58～图3-61）。

【流行特点】虫卵发育是直接发育，不需要中间宿主。成虫寄生于猪的小肠，产出的虫卵随粪便排出体外。在适宜的外部环境下，经过11～12天发育为感染性虫卵，被猪吞食后，在小肠内孵出幼虫，大多数幼虫很快钻入肠壁血管，随血液循环进入肝脏，再经心脏移行至肺脏，穿过肺毛细血管进入肺泡，幼虫上行进入细支气管、支气管、气管，随黏液到达咽部，被咽下后进入小肠，继续发育为成虫。从感染开始到在小肠发育为成虫需2～2.5个月，成虫寿命为7～10个月。虫卵对外界抵抗力很强，大多数消毒药对虫卵无效，

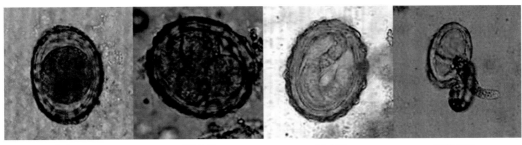

| 受精卵 | 开始发育 | 二阶虫卵 | 破卵而出 |

图3-61 猪蛔虫卵发育

但加热（蒸汽）和阳光直射可杀灭虫卵。

以3～6月龄的仔猪感染严重；成年猪多为带虫者，是重要的传染源。猪主要是接触被感染性虫卵污染的饮水、饲料或土壤经口感染。母猪乳房沾染虫卵，仔猪在吃奶时亦可感染。

本病一年四季均可发生。猪蛔虫病的流行十分广泛，不论是规模化方式饲养的猪，还是散养的猪都有发生，这与猪蛔虫产卵量大、虫卵对外界抵抗力强及饲养管理条件较差有关。

【临床症状】成年猪抵抗力较强，故一般无明显症状。对仔猪危害严重，在幼虫侵袭肺脏而引起蛔虫性肺炎时，主要表现为体温升高、咳嗽、呼吸喘急、食欲减退及精神倦怠等症状。在成虫寄生阶段的初期，可出现异嗜现象。一般随着病情的发展，逐渐出现食欲减退、发育不良、皮毛粗乱、消瘦、轻微腹泻、腹痛、贫血等症状。当肠道中寄生的虫体过多时，可引起肠管的阻塞，病猪表现腹痛症状。有时虫体钻入胆管，病猪因胆管的堵塞而表现腹痛及黄疸等症状，常引起死亡。

【病理变化】虫体寄生少时，一般无显著病变。如多量感染时，在初期多表现肺炎病变，肺的表面或切面出现暗红色斑点。由于幼虫的移行，常在肝上形成云雾状的蛔虫斑（或称乳斑）。如蛔虫钻入胆管，可在胆管内发现虫体。如大量成虫寄生于小肠时，可见肠黏膜卡他性炎症。如由于虫体过多引起肠阻塞而造成肠破裂时，可见到腹膜炎和腹腔出血（图3-62～图3-65）。

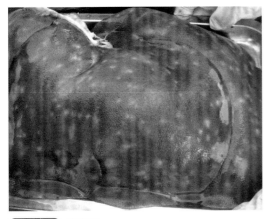

图3-62 乳斑肝

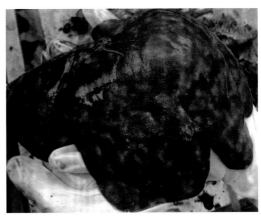

图3-63 乳斑肝

图3-64　小肠内蛔虫

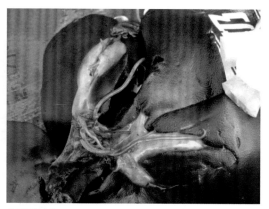

图3-65　胆管内蛔虫

【诊断】根据流行病学、临诊症状、粪便检查和剖检等综合判定。实验室诊断主要是进行粪便检查法（采用直接涂片法或漂浮法）；幼虫寄生期可用血清学方法诊断（目前已研制出特异性强的ELISA检测法）。剖检时发现虫体即可确诊。幼虫移行出现肺炎时，用抗菌药治疗无效，可为诊断提供参考。

【防治】

（1）治疗　可选用以下药物。

① 左旋咪唑　10mg/kg体重，口服或肌内注射。

② 阿苯达唑　10mg/kg体重，一次口服。

③ 芬苯达唑　10mg/kg体重，连用3天。

④ 伊维菌素　0.3mg/kg体重，皮下注射；口服，0.1mg/kg体重，连用7天。

⑤ 爱比菌素、多拉菌素 用法同伊维菌素。

（2）预防

① 定期驱虫。规模化猪场要对全场的猪进行定期驱虫，种猪群每年驱虫4次；后备猪在配种前驱虫1次；仔猪转入新圈、群时驱虫1次；新引进的猪驱虫后再合群。

对散养猪，母猪在怀孕前和产仔前2周驱虫；仔猪断奶后驱虫1次，间隔4～6周再驱虫1次；引入的种猪进行驱虫。

② 减少虫卵对环境的污染。 圈舍要及时清理，粪便和垫草发酵处理；产房和猪舍在进猪前要彻底清洗和消毒，石灰乳加火碱对栏舍涂刷消毒对消灭虫卵有很好的效果；加强饲养管理，注意猪舍的清洁卫生，母猪转入产房前要体表洗澡消毒。

单元十一　类圆线虫病（杆虫病）

类圆线虫病又称为"杆虫病"，是由小杆科类圆属的蓝氏类圆线虫寄生于猪的小肠黏膜内引起的。主要特征为严重的肠炎，病猪消瘦，生长迟缓，甚至大批死亡。

【病原】成虫小，体长3.1～4.6mm。丝状食道占虫体全长的1/3。阴门位于虫体的中部。虫卵较小，呈椭圆形，卵壳薄而透明，从粪便排出时虫卵内含一蜷曲的幼虫，

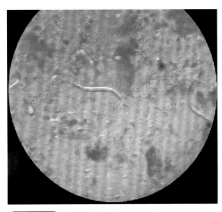
图3-66 类圆线虫（×100）

虫卵的大小为（42～53）μm×（24～32）μm（图3-66）。

【流行特点】只有孤雌生殖的雌虫寄生。

虫卵随猪的粪便排出体外，在外界很快孵化出第1期幼虫（杆虫型幼虫）。当外界环境条件不适宜时，第1期幼虫进行直接发育，发育为感染性幼虫（丝虫型幼虫）；当外界环境条件适宜时，第1期幼虫进行间接发育，成为营自由生活的雌虫和雄虫，雌、雄虫交配后，雌虫产出含有杆虫型幼虫的虫卵，幼虫在外界孵出，根据条件而进行直接发育或间接发育，重复上述过程。在直接发育中，1天以上即可形成感染性幼虫；在间接发育中，2.5天即可形成感染性幼虫。

感染性幼虫经皮肤钻入或被吃入使猪感染。经皮肤钻入时，幼虫直接侵入血管；当被吃入时，幼虫从胃黏膜钻入血管。幼虫进入血液循环后，经心脏、肺脏到咽，被咽下到小肠发育为成虫。

仔猪可经初乳感染，幼虫在仔猪产后4天发育为成虫。母猪初乳中的幼虫与第3期幼虫在生理上不同，可经过胃到达小肠直接发育为成虫。

也可以发生胎盘感染，在出生后2～3天即可出现严重感染，母猪体内的幼虫可于妊娠后期在胎儿的各种组织中聚集，在仔猪出生后迅速移行至小肠中。

本病主要分布于热带和亚热带地区，温带地区也常见。我国广东、广西、河北、湖北、江苏、福建、浙江等地均有报道。温暖潮湿的夏季容易流行。畜舍的清洁卫生不良并潮湿时，更易流行。

【临床症状】本病主要侵害仔猪，其症状为消化障碍、腹痛、下痢、便中带血和黏液，皮肤上可见到湿疹样病变；当移行幼虫误入心肌、大脑或脊髓时，可发生急性死亡，死亡率可高达50%。

【病理变化】无特征性病变。死后剖检病变主要限于小肠，肠黏膜充血，并间有斑点状出血，有时可见有深陷的溃疡。肠内容物恶臭。

【诊断】根据流行病学、临诊症状、粪便检查等综合诊断。粪便检查虫卵可用直接涂片法或饱和盐水漂浮法，发现大量虫卵时才能确诊。也可用幼虫检查法。剖检发现虫体可确诊。

但需要注意与大肠杆菌病和球虫病的鉴别诊断。

【防治】参照猪蛔虫病。

单元十二　食道口线虫病（结节虫病）

食道口线虫病是由食道口科、食道口属的多种线虫寄生于猪结肠内引起的寄生虫病，又称为"结节虫病"。主要特征为严重感染时肠壁形成结节，破溃后形成溃疡而致顽固性肠炎。本病遍布全国各地。

【病原】主要有以下3种。

（1）有齿食道口线虫　虫体呈乳白色。雄虫长8～9mm，雌虫长8～11.3mm，寄生于结肠。虫卵呈椭圆形，壳薄，内含8～16个胚细胞。虫卵大小为（70～74）μm×（40～42）μm（图3-67，图3-68）。

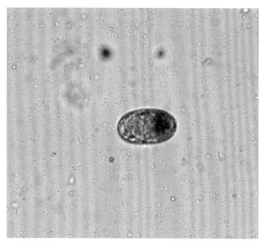
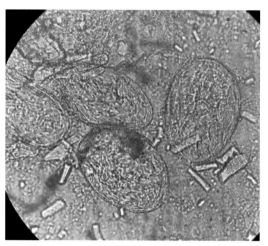

图3-67　有齿食道口线虫虫卵　　图3-68　有齿食道口线虫虫卵

（2）长尾食道口线虫　虫体呈暗红色。雄虫长6.5～8.5mm。雌虫长8.2～9.4mm。寄生于盲肠和结肠。

（3）短尾食道口线虫　雄虫长6.2～6.8mm。雌虫长6.4～8.5mm。寄生于结肠。

【流行特点】卵随粪便排出体外，经24～48h孵出幼虫，再经3～6天发育为感染性幼虫，猪在吃食或饮水时吞进感染性幼虫后，幼虫即在大肠黏膜下形成结节并蜕皮，经5-6天后，第四期幼虫返回肠腔，再蜕一次皮即发育为成虫。

【临床症状】一般无明显症状。严重感染时，肠壁结节破溃后，发生顽固性肠炎，粪便中带有脱落的黏膜，表现腹痛、腹泻（图3-69），贫血，高度消瘦，发育障碍。继发细菌感染时，则发生化脓性结节性大肠炎。严重者可引起死亡。

图3-69　食道口线虫病猪排灰色稀便

【病理变化】主要病变为幼虫在大肠形成结节。在第3期幼虫钻入部位出现斑痕，肠黏膜发生局灶性增厚，内含大量淋巴细胞、巨噬细胞和嗜酸性粒细胞，于第4天形成结节。可在黏膜肌层发现成囊的幼虫。约1周后，结节直径达到8mm，内含黄黑色坏死碎片。由于弥漫性淋巴结栓塞导致盲肠和结肠壁水肿，也可形成局灶性纤维性坏死薄膜，于第2周炎症开始消退，残留一部分结节和瘢痕。感染细菌时，可继发弥漫性大肠炎（图3-70～图3-73）。

图3-70 病猪结肠中的坏死性结节

图3-71 病猪结肠中的坏死性结节

图3-72 结肠中的成虫

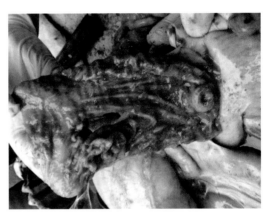
图3-73 结肠中的成虫

【诊断】主要根据剖检变化或自然排出的虫体来判断。实验室诊断可采用饱和盐水漂浮法进行粪便检查，发现虫卵可确诊。

【防治】参照猪蛔虫病。

单元十三　毛首线虫病（鞭虫病）

毛首线虫病是由猪毛首线虫寄生于猪的大肠（主要是盲肠）中引起的一种寄生虫病，又称为"鞭虫病"。主要特征为严重感染时引起贫血、顽固性下痢。

本病分布遍及世界各地，我国各地猪均有此病，对仔猪危害很大，小猪感染率约有75%，成年猪13.9%。

【病原】虫体呈乳白色，虫体长20～80mm，外观形如鞭状，前部细长为食道部，约占整个虫体长的2/3。

虫卵呈棕黄色，腰鼓形，卵壳较厚，两端有卵塞。卵大小为60～25μm（图3-74，图3-75）。

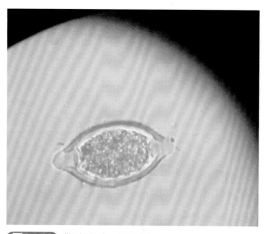

图3-74 鞭虫卵（×1000）

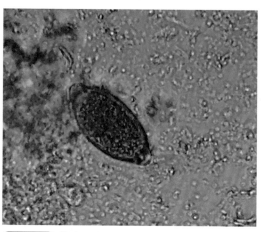

图3-75 鞭虫卵（×1000）

【流行特点】成虫寄生于猪的大肠。虫卵随猪的粪便排出体外，在适宜的温度和湿度条件下，发育为含有第1期幼虫的感染性虫卵，猪吃入后，第1期幼虫在小肠内释出，钻入肠绒毛间发育，然后移行到盲肠和结肠钻入肠腺，在此进行4次蜕皮，逐渐发育为成虫。成虫寄生于肠腔中，以头部固着于肠黏膜上。

猪和野猪是猪毛首线虫的自然宿主，灵长类动物（包括人）也可感染猪毛首线虫。一般2～6月龄小猪易感染受害，4～6月龄感染率最高，可达85%，以后逐渐下降。

一年四季均可感染，但夏季感染率高，秋冬季出现症状。

【临床症状】虫体以纤细的体前部刺入黏膜内，引起盲肠、结肠的慢性卡他性炎症，有时也有出血性炎症。临床上可见到贫血、腹泻或出血性腹泻。严重时病猪消瘦，皮肤失去弹性，结膜苍白，腹泻，有时排出水样血便并有黏液，生长停滞，步态不稳，最后因恶病质而死。仔猪症状严重。

【病理变化】剖检盲肠和结肠黏膜有出血性坏死、水肿和溃疡，还有和结节虫病相似的结节，结节内有部分虫体和虫卵（图3-76，图3-77）。

【诊断】根据流行病学、临床症状、粪便检查和剖检等进行综合判断。

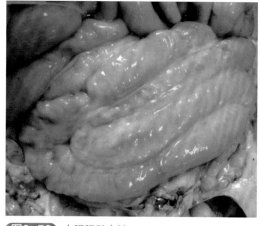

图3-76 大肠肠壁水肿

图3-77 盲肠内鞭虫

【防治】

（1）治疗　参照猪蛔虫病，但大部分驱虫药对猪毛首线虫不如对猪蛔虫的效果好，伊维菌素类对毛首线虫无效。羟嘧啶为驱除毛首线虫的首选药，按10～20mg/kg体重，混料喂服。

（2）预防　参照猪蛔虫病。

单元十四　结肠小袋纤毛虫病

结肠小袋纤毛虫病是结肠小袋纤毛虫寄生于猪和人的结肠所引起的。多隐性感染，严重感染者腹泻。我国各地均有感染，感染率高可达62.43%。

【病原】结肠小袋纤毛虫，在发育过程中有滋养体和包囊两个阶段。

（1）滋养体　一般呈不对称的卵圆形或梨形，无色透明或淡灰略带绿色，大小为（30～180）μm×（20～120）μm。

（2）包囊　呈圆形或椭圆形，直径40～60μm。生活时呈绿色和黄色。囊壁较厚而透明。在新形成的包囊内，可见到滋养体在囊内活动，但不久即变成一团颗粒状的细胞质。包囊内有核、伸缩泡，甚至食物泡（图3-78，图3-79）。

【流行特点】主要感染猪和人，有时也感染牛、羊以及鼠类。

当猪吞食了被包囊污染的饮水和饲料后，囊壁在小肠内被消化，包囊内虫体逸出变为滋养体，进入大肠寄生，以淀粉、肠壁细胞、红细胞、白细胞、细菌等为食料。然后以横二分裂法繁殖，经过一定时期的无性繁殖后，进行有性接合生殖，然后又进行二分裂法繁殖。部分新生的滋养体在不良环境或其他因素的刺激下变圆，分泌坚韧的囊壁包围虫体而成为包囊期虫体，随宿主粪便排出体外。滋养体若随粪便排出，也可在外界环境中形成包囊。

结肠小袋纤毛虫包囊对外界的抵抗力很强，在潮湿的环境中能生存2个月。猪摄食了被包囊污染的饮水或饲料而感染。

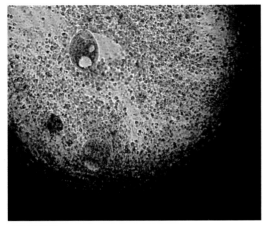

图3-78　小袋纤毛虫（×400）

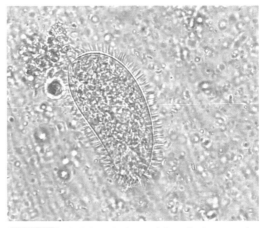

图3-79　小袋纤毛虫（示周身纤毛）（×1000）

【临床症状】

（1）急性型　多发生在幼猪，特别是断奶后的小猪。主要表现为水样腹泻，混有血液。粪便中有滋养体和包囊两种虫体存在。病猪表现为食欲不振，渴欲增加，喜欢饮水，消瘦，粪稀如水，恶臭。被毛粗乱无光，严重者1～3周死亡。

（2）慢性型　常由急性病猪转为慢性，表现出消化机能障碍、贫血、消瘦、脱水的症状，发育障碍，陷于恶病质，常常死亡。

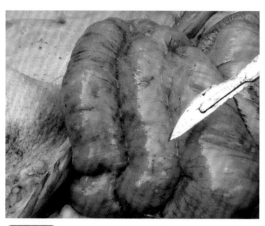

图3-80 结肠肿大有溃疡灶，内含大量液状内容物

（3）隐性型　感染动物无症状，但成为带虫传播者。主要发现在成年猪。

【病理变化】一般无明显变化。但当宿主消化功能紊乱或因其他原因肠黏膜损伤时，虫体可侵入肠壁形成溃疡，病变主要发生在结肠，其次是直肠和盲肠，表现肠壁肿胀呈半透明状，内含大量液状内容物（图3-80），脾脏因毒素作用变得质硬而略显肿胀，肾稍肿大，有出血点。

【诊断】生前可根据临诊症状和在粪便中检出滋养体和包囊而确诊。

（1）粪便检查　取新鲜粪便加生理盐水稀释，也可滴加0.1%碘液，使虫体着色而便于观察，涂片镜检，可见活动的虫体，冬天检查可用温热生理盐水。新鲜粪中可检出滋养体，陈旧粪便中可检出包囊。

（2）死后剖检　刮取猪肠黏膜作涂片镜检检查虫体。

【防治】

（1）治疗　可选用四环素类药物或甲硝唑等。

口服甲硝唑8～10mg/kg体重，3次/天，连用5～7天，能彻底驱除虫体。为避免重复感染，在投药的同时，每天应及时清除粪便，并用消毒液喷洒猪栏与运动场，以杀灭外界环境中的包囊。

（2）预防　主要是搞好猪场的环境卫生和消毒工作；发病时应及时隔离，治疗病猪；粪便应及时清除，发酵处理；饲养人员注意个人卫生和饮食清洁，以防感染。

单元十五　猪毛滴虫病

毛滴虫病（Trichomoniasis）是由原生动物门肉足鞭毛亚门、鞭毛虫总纲、动物鞭毛虫纲、毛滴虫目、毛滴虫科、毛滴虫属中某些毛滴虫感染猪导致的一类原虫性疾病的总称。目前，已报道的猪毛滴虫有3种，分别是猪三毛滴虫（T.suis）、巴特里毛滴虫（T.nutteryi）和圆形毛滴虫（T.rotirnda），但研究和病例报道主要集中在猪三毛滴虫，该病原可导致仔猪出现肠炎腹泻，母猪出现阴道炎、屡配不孕等病症，其中导致仔猪出现肠炎腹泻病例有越来越多的迹象。因此，重视并加强对三毛滴虫的研究和防控具有重要意义。

【病原】猪毛滴虫有3种，分别是猪三毛滴虫、巴特里毛滴虫和圆形毛滴虫，它们之间的形态结构差异较大。

（1）猪三毛滴虫 虫体呈纺锤形或梨形，当虫体运动快速时多呈纺锤形，当虫体运动缓慢时多呈梨形，虫体伸缩性强，易改变形态以穿过障碍物。虫体长度为9～16μm，宽度为2～6μm，虫体前段有3根等长的前鞭毛，长度为7～17μm，在虫体一侧可见波动膜纵贯虫体全身，并形成4～6个近似相等的折叠，波动膜宽度约1.6μm，波动膜的波动模式从轻微的波动到大的起伏变化。虫体中央有1根纵行的透明轴柱，轴柱的头端呈棒状，直径为1.7μm，后面逐渐狭小并形成圆锥状，平均直径为0.6μm，轴柱末端突出虫体的后端，形成短尖状，长度为0.6～1.7μm，细胞核1个，呈长椭圆形，大小为（2～5）μm×（1～3）μm，位于虫体前1/3处。在姬姆萨染色标本中，可见胞浆呈淡紫色，胞核呈深蓝色。胞核排列与轴柱平行，胞核内还包含6～8个大小相近的染色质颗粒和1个核仁。副基体1个，位于核的背侧或右侧，长度为2～5μm，呈细长管状结构或呈"J"形结构（图3-81，图3-82）。猪三毛滴虫常寄生于猪的鼻道、胃、盲肠、结肠，偶见于小肠和母猪阴道。由于猪三毛滴虫的形态结构及其他生物学特征与寄生于母牛生殖道中的胎儿三毛滴虫非常相似，不少专家学者认为这两者之间应该是同物异名。

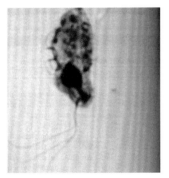 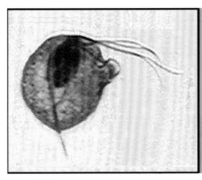 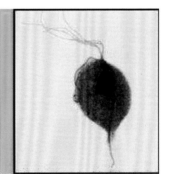

图3-81 猪三毛滴虫　　图3-82 猪三毛滴虫结构图

（2）巴特里毛滴虫 形态比较小，呈圆形或椭圆形，体长4～7μm，体宽2～5μm，运动速度快，非定向，常做圆圈运动，形态易变。虫体前端有3～4根不等长的前鞭毛，其中1根很短，另2～3根较长（约为体长的2倍），3根起源于同一基体，而另一根则由另一基体出发。在虫体的另一端有1根后鞭毛，与主体细胞形成明显的波动膜，其末端游离于体外。波动膜有3～5个波浪。在虫体中央有1根轴柱，长度为虫体的2/3，轴柱头端呈匙状，较狭窄，末端突出体外3～6μm。细胞核呈椭圆形，大小为（2～3）μm×（1～2）μm，位于虫体前部，与轴柱平行。副基体为圆盘形结构，直径为0.3～1.1μm，位于细胞核的外侧，颜色较深。主要寄生于猪的盲肠、结肠，偶见于小肠。

（3）圆形毛滴虫 圆形毛滴虫的形态通常呈梨形，偶见卵圆形或椭圆形，体长

7～11μm，体宽5～7μm，虫体运动较缓慢，且形态不易改变。虫体前段有3根近于等长的前鞭毛，长度为10～17μm，每根鞭毛都起源于同一基体，在虫体另一端有1根后鞭毛，与主体细胞在一侧形成波动膜，后鞭毛较短。在虫体一侧可见波动膜，呈平滑或波样曲卷，其长度是体长的1/2或2/3，有1根较长的轴柱，头端呈月牙形或镰刀形，整个轴柱狭长而平直，不透明，末端突出长度为0.6～6.3μm。细胞核较大，近球形，位于虫体前端的中央或背侧。副基体由2个分支组成，在基底部连接形成V字形，大小为(2.3～3.4)μm×(0.4～1.3)μm，主要寄生于猪的盲肠和结肠。

（4）生活史 毛滴虫的生活史比较简单，通常以二分裂繁殖为主，有时也可见多分裂法繁殖，这种情况可见于急性病例的肠道内或培养虫体的培养基中。滋养体既是本虫的繁殖阶段，也是感染阶段，在不利环境条件下，毛滴虫的滋养体会变圆，鞭毛内化，形成一个球形结构的伪包囊。伪包囊是虫体对应激做出的一种反应，与滋养体之间的变化是可逆的。当环境适合毛滴虫生长时，毛滴虫滋养体会以二分裂或多分裂大量繁殖，毛滴虫的生存温度为25～42℃，其中最适宜的生存和繁殖温度为32～35℃，适宜在略酸或略碱环境中生长繁殖，在厌氧条件下生长和繁殖较好。

【流行特点】调查证实，猪毛滴虫在猪场的隐性感染率比较高。猪的鼻腔、上呼吸道、胃、大肠、小肠内均检出猪三毛滴虫，毛滴虫病的发病率高低与饲养管理条件以及猪日龄关系较大。饲养条件较差的中小型猪场隐性感染率更高。猪毛滴虫可能来源于猪场水源，这一观点有待进一步证实。

【临床症状】

（1）仔猪腹泻 猪三毛滴虫病多发生于饲养管理水平相对较差的中小型猪场，发病率可达74.46%，死亡率可达27.6%。主要表现为患猪出现水样稀粪，消瘦，眼球凹陷，全身脱水，精神萎靡，被毛粗乱，肛门口皮肤因顽固性腹泻导致红肿。急性病例一般2～3天即出现脱水死亡，慢性病例可持续10天以上，最后因腹泻衰竭死亡。

（2）母猪阴道炎 主要感染母猪，其中有些母猪是自然交配后7～49天发病，有些则是妊娠后45天或屡配不孕的母猪出现病症。主要表现母猪精神不安，体温升高，排尿次数增多，阴户红肿，每天可见从阴道内排出带有豆腐渣样絮状物的尿液或分泌物，阴道黏膜粗糙，被覆有大小不同、数量不等的小结节，有些母猪阴道内出现弥漫性白色絮状物，气味恶臭，结果导致这些母猪屡配不孕。通过公猪的本交可导致不同母猪间交叉感染。

【病理变化】剖检病死猪可见结肠和盲肠肿大明显，肠壁半透明状，切开大肠壁，内容物充满空气和黄绿色液体（图3-83），大肠壁出现卡他性肠炎，胃内容物空虚，小肠出现轻度卡他性肠炎，肠淋巴结肿大，其他脏器病变不明显。在这些病例中，结肠和盲肠肿大明显，内容物充满空气和黄绿色液体的病变均有特征性，在临床诊断上具有重要参考意义。

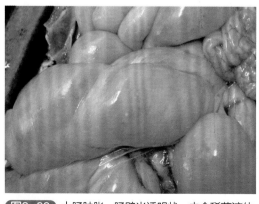

图3-83 大肠肿胀，肠壁半透明状，内含稀薄液体

【诊断】鉴于该病在猪场中的隐性带虫情况比较多，在临床上除了在保育猪腹泻病例中检查到结肠和直肠肿大明显、充满空气和黄绿色液体具有特征性病变外，其他病症无明显的特征性。因此，借助实验室方法检查虫体是目前最主要的诊断方法。

直接镜检 采集活猪或病死猪相关内容物（如粪便、盲肠、结肠、胃、鼻腔、阴道分泌物等）以及相应器官的黏膜刮取物少许放在载玻片上，滴加1～2滴生理盐水，盖上盖玻片直接镜检。先在低倍镜（10×10）下观察，找到梭形或梨形会游动的虫体后，再转到高倍镜（10×40）进一步观测虫体形态结构。1～3h后待虫体游动变缓慢时，在盖玻片上滴加香柏油，转到油镜（10×100）进一步观察虫体的形态结构。猪三毛滴虫的前端有3根前鞭毛，虫体一侧有波动膜，后端有1根后鞭毛，虫体大小为（9～16）μm×（2～6）μm。必要时还可涂片，选用碘液染色、姬姆萨染色、苏木素染色后镜检。在姬姆萨染色标本中，原生质呈蓝色，胞核呈红色，轴柱色浅透明，鞭毛为黑色或深蓝色，毛基体呈红色。

【防治】

（1）治疗 目前我国兽药典批准使用的抗毛滴虫药物有甲硝唑和地美硝唑。甲硝唑是首选药物，用量为每千克饲料添加300～500mg，连用3～5天。地美硝唑的使用剂量为每千克饲料添加300～400mg，连用3～5天。

白头翁提取物体外抑虫试验，表明对猪三毛滴虫有较强的抑制作用。在生产实践中，可以考虑采用地美硝唑、甲硝唑以及中药白头翁等药物来治疗猪的毛滴虫病。

（2）预防 预防措施应从源头控制。

① 加强水源管理，对猪场的水源（特别是山泉水和井水）采用过滤处理或漂白粉消毒处理，减少或杀灭饮水中的毛滴虫。

② 要加强猪场的饲养管理，做好猪舍环境卫生，特别是注重食槽的卫生，做到及时清理食槽的残余剩料。做好猪舍的保温和通风干燥工作，防止因温差大或湿度大诱发毛滴虫病的发生。猪场内的水塔和蓄水池要经常进行清洁和消毒处理，防止病原菌滋生。

③ 实施人工授精，杜绝自然交配，防范母猪毛滴虫性阴道炎。必要时可在饲料中添加药物进行预防。

单元十六 胃溃疡

猪的胃溃疡发生率较高。根据胃溃疡发生的部位可以区分为胃食管区（无腺区）的溃疡和有腺区的溃疡。胃腺区的病变常常与全身性疾病如沙门菌病、猪丹毒或猪瘟感染有关。胃食管区溃疡是常见的，也是一种严重的疾病，它可引起急性胃内出血而导致猝死或慢性发育不良。本单元主要论述胃食管区的溃疡。

【病因】一般认为，引起胃溃疡的病因包括饲料、环境、疾病等三个方面。

（1）饲料因素 饲料粒度过细和缺乏足够的粗纤维是引发胃溃疡的主要原因；饲喂大量脱脂乳或乳清；长期饲喂含糖量高的玉米淀粉饲料、颗粒料，饲料霉变、霉菌（如白霉）对胃溃疡的发生也起一定作用；饲料中缺乏维生素E、维生素B₁及微量元素硒等；饲料中不饱和脂肪酸过多。

（2）环境应激及饲养管理因素 噪声、恐惧、闷热、疼痛、妊娠、分娩等应激，导致胃酸分泌过多，引起胃溃疡的发生和病情加重。停饲与饥饿可以诱发胃溃疡，高温引发采食减少与胃溃疡爆发有关。

（3）疾病因素 急性呼吸道疾病、圆环病毒病、慢性猪丹毒、蛔虫感染、铜中毒、霉菌感染（特别是白色念珠菌感染）、肝营养不良等疾病与胃溃疡的发生发展相关，在以上因素作用下，胃壁组织受到刺激，引起黏膜充血、缺损和糜烂，逐渐发生组织学变化，形成胃溃疡。

【症状】溃疡发生很快，正常的胃食管区在24h内就可发生病变成为完全溃疡病灶。临床症状可反映出由于胃损伤而致失血的程度。

（1）急性病例 由于溃疡部大出血，病猪可突然死亡，尸体急剧苍白。有的病猪在强烈运动、相互撕咬、分娩前后突然吐血，排黑色沥青样血便。体温下降，呼吸急促，腹痛不安，体表和黏膜苍白，体质虚弱，终因虚脱而死亡（图3-84，图3-85）。当病猪因胃穿孔引起腹膜炎时，一般在症状出现后数小时或数天内死亡。

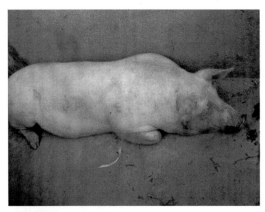

图3-84 病猪腹痛跪卧

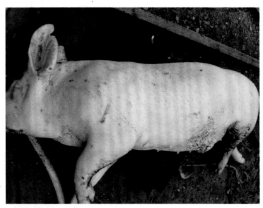

图3-85 病猪尸体苍白

（2）慢性病例 食欲降低或不食，体表和可视黏膜明显苍白，有些猪表现出腹疼痛的症状，如磨牙、弓腰、跪卧，可能会发生呕吐，发病猪的直肠温度经常低于正常。渐进性消瘦，贫血，生长发育不良。粪潜血检查呈阳性。少数病例有慢性腹膜炎症状。病程长达8～50天。

（3）轻度病例 与健康猪相似，无明显可见症状，对猪的生长速度和饲料转化率影响不大，只有屠宰后才看到其胃溃疡的病理变化。

【病理变化】溃疡主要在胃的无腺区，也见于胃底部和幽门区，表现不同程度的充血、出血以及大小数量不等、形态不一的糜烂斑点和溃疡。胃内有凝血块、新鲜血液以及纤维素渗出物；肠内也常发现新鲜血液。无临床症状的病猪，早期病变胃食管区上皮表面出现皱纹、突起、不规则及粗糙，有黏膜角化过度以及上皮脱落，而无真正的溃疡形成。病猪胃常比正常胃有更多液体内容物；胆汁可自十二指肠逆流至胃，使胃黏膜黄染。慢性胃溃疡引起出血的病猪，因髓外造血而脾肿大。有的溃疡自愈，可见胃食管区被纤维组织完全取代，形成瘢痕，突出于胃内，这是慢性溃疡特有的病变。若胃壁已经穿孔，则可见弥漫性或局限性的腹膜炎（图3-86～图3-97）。

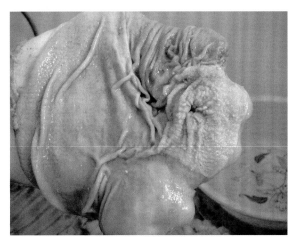
图3-86 正常胃黏膜

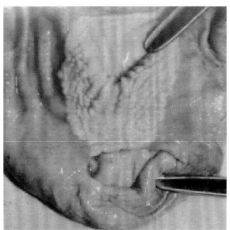
图3-87 正常胃黏膜

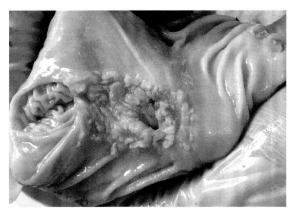
图3-88 胃溃疡早期病变

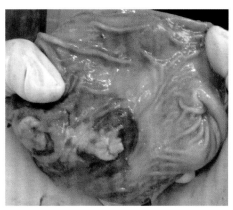
图3-89 胃食道部角质化膜脱落

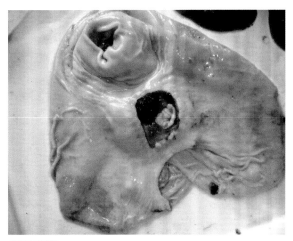
图3-90 胃食道部角质化膜脱落并出血

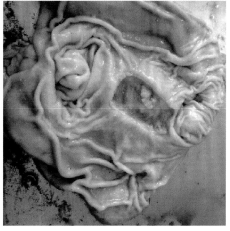
图3-91 胃食道部角质化膜脱落

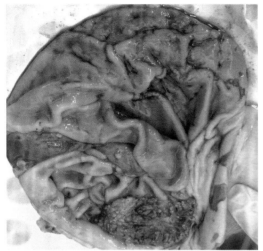

图3-92 溃疡部边缘隆起

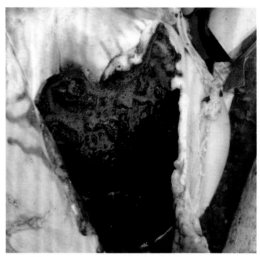

图3-93 胃内大量血液

图3-94 胃溃疡出血导致肠管内积血

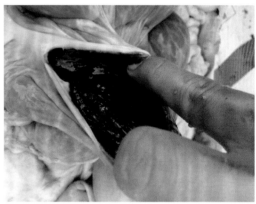

图3-95 来自胃的血液在大肠呈焦油样

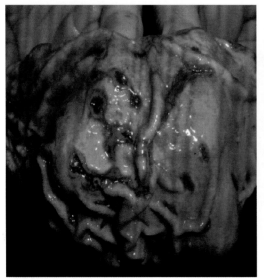

图3-96 胃黏膜有腺区溃疡

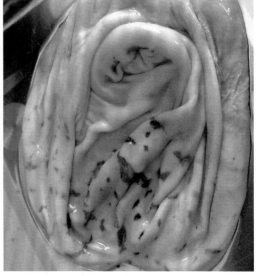

图3-97 胃黏膜有腺区溃疡

【诊断】通常根据死后尸检和临床病史建立诊断。常见于育成猪或分娩前后的母猪，多散发，常常是一头猪突然死亡之后，经仔细观察才会发现其他猪有贫血的症状。具有诊断意义的症状是粪便变黑，皮肤和黏膜苍白。取粪便做潜血检验，呈阳性为可疑。通过剖检可以与猪梭菌性肠炎、急性猪痢疾进行区别。

【治疗】治疗原则是加强护理，消除病因，中和胃酸，保护胃黏膜，消炎止血，抗酸止酵，对症治疗。

当怀疑猪群已发生胃溃疡时，首先应检查饲料情况，改善饲养管理措施，除去致病因素。增加饲料粒度通常可以使病情得到迅速稳定。给予富含维生素和容易消化的饲料，避免刺激和兴奋。为减轻疼痛刺激，防止溃疡恶化和发展，可用盐酸氯丙嗪，$1 \sim 3mg/kg$ 体重，肌内注射，也可皮下或肌内注射30%安乃近 $10 \sim 20mL$。给予胃黏膜保护剂，如硫糖铝、果胶铋等，也可饲前0.5h内服 $3 \sim 5g$ 次硝酸铋，每天3次，连用 $3 \sim 5$ 天。

对出血明显的病猪，止血用维生素K和酚磺乙胺、云南白药等药物；中和胃酸，服用制酸剂，如氧化镁、硅酸镁、碳酸钙、氢氧化铝等。

可试用西咪替丁、奥美拉唑等进行治疗。

【预防】针对发病原因应采取以下措施。

（1）饲料不能磨得过细，饲料粒度宜在750μm以上。应贮藏于干燥的地方且不受霉菌污染。

（2）增加饲料中的粗纤维，饲喂粉料，尤其是母猪不宜采食颗粒饲料。

（3）保证饲料中维生素E、维生素B_1、硒的含量。

（4）用铜作促生长剂时，应考虑用 1.1×10^{-8} 的碳酸锌作为抗铜致溃疡的添加剂。

（5）聚丙烯酸钠混饲，浓度0.1% ～ 0.2%，以改变饲料的物理状态，使之能在胃内停留时间正常。

（6）要严密监视饲喂过程，停饲是胃溃疡的一个主要诱因。采食或饮水障碍、热应激、适口性差的饲料或在饲料中含有催吐物都可以导致胃溃疡问题。良好的管理措施能够减少这些影响。

单元十七　肠便秘

肠便秘是由于肠管运动机能和分泌机能降低，肠内容物停滞，水分被吸收，致使一段或几段肠管中的粪便秘结的一种疾病。各种年龄的猪都可发病，便秘常发部位是结肠。

便秘对猪的危害较大，尤其是影响母猪健康。由于便秘，肠道毒素聚集会诱发猝死症；便秘导致免疫力下降，母猪易发子宫炎-乳腺炎-无乳综合征；便秘引起宫颈变形而引发难产；母猪产前不食症以及低温症也是由便秘引发的。

【病因】

（1）原发性　饲料中粗纤维不足，母猪缺乏运动，饮水不足，钠、钾离子不足是引发便秘的常见原因，应激状态以及饲喂抗菌药也易引发便秘。用谷壳、花生壳、豆秸等作为粗饲料也会引起便秘。

（2）**继发性** 继发于某些传染病或寄生虫病，例如猪瘟的早期阶段、慢性肠结核病、猪肠道蛔虫病等，均可引起肠便秘。其他伴有消化不良的异食癖以及去势引起肠粘连、肛门脓肿、肛瘘、直肠肿瘤、腰荐部损伤、卵巢囊肿等也可导致肠便秘。

【症状】猪的便秘通常表现为排便迟滞，粪便干硬呈球状。严重的便秘导致食欲减退或废绝，饮欲增加，腹胀，腹痛，呻吟。干硬的粪球外覆稠厚的灰色黏液，后期排粪停止，但频繁做排粪姿态（图3-98，图3-99）；当直肠黏膜破损时，粪便表面带血，经1～2天后，排粪停止。体重小的病猪，用双手从两侧腹壁触诊，可触摸到圆柱状或串珠状的结粪。听诊肠蠕动音微弱或完全消失；当十二指肠便秘时，病猪表现呕吐，呕吐物液状、酸臭。当便秘肠管压迫膀胱颈时，会导致尿闭，触诊耻骨前缘，可发现膀胱胀满。

当病程延长，阻塞部发生坏死，肠内容物渗入腹腔，可发生局部性或弥漫性腹膜炎，体温升高。

【诊断】根据病史调查，排粪变化，腹部触诊、听诊肠音微弱或消失，腹围增大，喜卧，可做出初步诊断。

【治疗】查找发病原因，纠正管理中的问题是控制便秘的关键。

治疗原则是加强护理，疏通肠道，解痉镇痛，对症治疗。

（1）**疏通肠道** 可选用以下方法。

① 内服缓泻剂 液体石蜡（或植物油）15～150mL，口服，每天1次，连用1～2天。或硫酸镁（硫酸钠）10～50g，常水300mL灌服，每天1次，连用2～3天。或硫酸钠6g，人工盐6g，拌料内服，每头猪每天3次。也可用硫酸镁40g，分两次拌料内服。

图3-98 粪便干硬呈球状

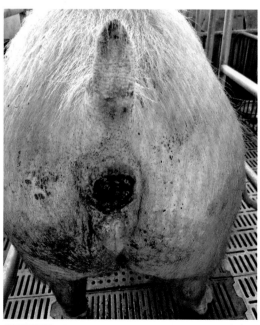

图3-99 粪便干硬，排便困难

② 灌肠　用大量的1%盐水做深部灌肠，每天2～3次，直到排出宿便。

③ 手术疗法　如药物治疗效果不佳，应及时进行手术治疗。找到秘结肠段，进行按压、握压，或侧切肠管取出结粪。肠壁已经坏死的，切除坏死肠段，施行断端吻合术。

（2）解痉镇痛　腹痛不安时，可肌内注射20%安乃近注射液3～5mL；或使用氯丙嗪1～3mg/kg体重、安溴注射液10～20mL等药物。

（3）强心补液　为防止脱水和维护心脏功能，可静脉注射或腹腔注射复方氯化钠注射液或5%葡萄糖生理盐水注射液；适时使用强心药物，如注射10%安钠咖2～10mL。

（4）加强护理　腹痛不安时，应防止激烈滚转而继发肠变位、肠破裂或其他外伤；肠管疏通后，禁食1～2顿，以后逐渐恢复至常量，以防便秘复发或继发胃肠炎。

【预防】给予营养全面、搭配合理的日粮，适当增加粗纤维和食盐，添加饲料酵母或应用发酵料饲喂；给予充足的饮水（关注水压状况）和适当运动；仔猪断奶初期、母猪妊娠后期和分娩初期应加强饲养管理，给予易消化的饲料。

第四章

繁殖障碍性疾病

❦❧ 单元一　猪繁殖与呼吸综合征（蓝耳病）❧❦

猪繁殖与呼吸综合征（Porcine Reproductive and Respiratory Syndrome，PRRS）是由猪繁殖与呼吸综合征病毒引起的一种接触性传染病。其临床特征为母猪发热、厌食，怀孕后期发生流产，产木乃伊胎、死胎、弱仔等；仔猪表现为呼吸道症状和高死亡率。

该病最早于1987年在美国发现，随后在加拿大、德国、法国等许多国家相继发生。我国在1996年由郭宝清等首次分离到猪繁殖与呼吸综合征病毒。2006年夏季以来，由该病毒变异株引起的猪高致病性蓝耳病在我国广泛流行，给养猪业造成了严重的经济损失。1996年世界动物卫生组织（OIE）已将PRRS列入B类传染病，我国将其列为二类传染病。

【病原】猪繁殖与呼吸综合征病毒（PRRSV），属于动脉炎病毒科动脉炎病毒属成员。病毒粒子呈球形，基因组为单股正链RNA，有囊膜，对乙醚和氯仿敏感。

目前根据PRRSV的变异程度将其分为两个基因型，即欧洲型和美洲型。两型病毒均具有典型的免疫抑制特性，在抗原性和基因组上存在差异，但引起相似的症状。我国分离到的主要是美洲型，对各地分离株的研究表明PRRSV正在不断发生变异，在我国分离到的高致病性PRRSV与传统的PRRSV相比，主要是$Nsp2$基因缺失30个氨基酸。但有研究表明，这30个氨基酸缺失与其高毒力无关。

2013年我国开始出现类NADC30 PRRSV，2015～2016年逐渐开始流行，在18个省、市、自治区检测到。根据研究，类NADC30 PRRSV均具有131个氨基酸不连续缺失的特点，该类病毒对猪的致死力不高，但发病猪场死淘率可达20%～50%，给猪场带来了较大的经济损失。对类NADC30 PRRSV的全基因组同源性分析结果还表明，类NADC30 PRRSV与GenBank库中的NADC30毒株的同源性最高，为92.0%～95.5%；与高致病性毒株及经典毒株的同源性均较低。类NADC30 PRRSV之间的同源性差异较大，为88.6%～99.6%，该亚群毒株的起源尚不清楚；类NADC30 PRRSV对PAM和Marc-145细胞的感染能力发生了变化，多数毒株不能感染PAM和MARC-145细胞。

PRRSV在-70℃可保存18个月，4℃保存1个月，在37℃ 48h、56℃ 45min完全失去

感染力。pH依赖性强，在pH6.5～7.5间相对稳定，高于7或低于5时，感染力很快消失。

【流行病学】

（1）易感性　猪是唯一的易感动物，不同年龄和品种的猪均可感染，怀孕母猪和仔猪最易感。

（2）传染源　病猪和带毒猪是主要传染源。猪感染后可通过唾液、鼻液、精液、乳汁、粪便等途径向外排毒。耐过猪可长期带毒并不断向外排毒。鸟类可能是病毒的携带者。

（3）传播途径　猪可通过多种途径感染本病毒，包括口、鼻、眼、腹膜、阴道和胎盘等。其中主要通过呼吸道感染，肺是猪繁殖与呼吸综合征病毒的原发性靶器官。本病随风传播迅速，在流行期间，即使严格封闭式管理的猪群也同样发病。空气传播是本病的主要传播方式。

（4）流行特点　猪舍卫生条件差，防疫消毒制度不健全，猪群密度过大，恶劣的天气条件，饲料中大量的霉菌毒素可促进本病的流行。

本病常与其他病原体并发感染或协同致病。如猪2型圆环病毒、流感病毒、猪呼吸道冠状病毒、伪狂犬病毒、肺炎支原体、巴氏杆菌、沙门菌、链球菌、猪葡萄球菌、猪胸膜肺炎放线杆菌、副猪嗜血杆菌、大肠杆菌、胞内劳森菌、疥螨等。

【临床症状】人工感染潜伏期4～7天，自然感染一般为14天。病程通常3～4周，少数持续6～12周。

本病的临床症状变化很大，且受毒株、猪群的免疫状况以及管理因素的影响。具有临床症状的流行出现于没有免疫力的猪群，所有年龄的猪都易感，急性感染的症状为食欲减退、体温升高和呼吸困难。在随后的1～4个月，很多母猪早产，常发生于妊娠100天后。少数在怀孕115～118天产仔。分娩的感染胎儿包括死胎、木乃伊胎、迟产死胎、大小不等的弱仔以及外表正常的仔猪，一窝中各种类型都有，断奶前的病死率高。在流行本病的感染群内，主要症状出现于哺乳生长猪，包括生长发育不良、呼吸困难以及其他疾病的病情加剧和病死率增高。

（1）猪群流行性感染　没有免疫力的猪群出现明显的流行性感染。第一阶段约持续2周，此时出现早期病毒血症。5%～75%的猪发生急性全身性症状，以厌食和嗜睡为特征，3～7天内迅速扩散，有些病猪停止摄食1～5天，经7～10天扩散到其他猪群中，常被称为"滚动式厌食"。

除了厌食和嗜睡的急性病猪外，在各种年龄猪中也出现不一致的症状，如淋巴细胞减少，体温升高，呼吸急促或呼吸困难。个别猪（1%～2%）表现短暂性末梢皮肤充血或发绀，多见于耳、鼻、乳腺和阴门（图4-1，图4-2）。

① 繁殖母猪　在急性发病阶段，有1%～3%的母猪出现流产，流产一般发生在妊娠的21～109天。有的猪群1%～4%的急性发病母猪死亡。有的母猪出现肢体麻痹性神经症状。此外，还可出现乳汁减少，分娩困难，有时伴有肺水肿、膀胱炎或肾炎。

急性病例发生后约一周，本病的第二阶段开始，持续1～4个月，特征为妊娠后期繁殖障碍。有5%～80%的母猪在妊娠100～118天期间发生繁殖障碍。大多数为母猪早产，有的足月或推迟分娩，或者流产。所产仔猪中有不同数量的外表正常猪、弱仔猪、新鲜死胎、自溶死胎、部分木乃伊胎或完全木乃伊胎。每窝产死胎数差别很大，有的窝次无死胎，有的窝次可达80%～100%。有的母猪出现延迟发情或持续不发情。

图4-1 病猪耳朵和皮肤发绀

图4-2 病猪耳朵和皮肤发绀

② 公猪　公猪感染后表现厌食、嗜睡、呼吸道症状，性欲减退和不同程度的精液质量降低。

③ 哺乳仔猪　在繁殖障碍期间，仔猪断奶前死亡率可达60%。几乎所有的早产弱仔猪在出生后数小时内死亡。其余仔猪在出生后第一周死亡率最高，并且死亡会延缓到断奶和断奶后。哺乳仔猪表现为沉郁、消瘦、呼吸困难、食欲不振、后肢麻痹；刚出生的仔猪可见耳朵和躯体末端皮肤发绀；部分仔猪眼睑肿胀。

④ 断奶和生长猪　感染初期出现轻微的呼吸道症状，主要表现生长不良，增重缓慢和饲料报酬低下。发病率低，仅为2%，有时达10%。常并发其他微生物感染而使病死率增高。

（2）猪群的地方性感染　猪群感染后，PRRSV会引起持续性感染（150天以上），由于不断引入敏感后备猪以及病毒在敏感的断奶仔猪中不断复制等原因，可能导致PRRSV在猪群长期存在，引起地方性感染。以易感的后备母猪、断奶猪或刚进育成圈的猪为最明显，表现如上所述各猪群的症状特点以及对其他传染病的易感性增加。

【病理变化】PRRSV能引起猪的多系统感染，然而大体病变仅在呼吸系统和淋巴组织出现。其中以新生乳猪的病变最明显。较大的猪病变较轻。在猪场，往往由于同时感染一种或多种其他病原而使病变变得复杂。

（1）新生乳猪　出现明显的间质性肺炎和淋巴结肿大。肺脏呈红褐色花斑状，不塌陷，质地较硬，感染部位与健康部位界限不明显，常出现在肺前腹侧。淋巴结中度到重度肿大，呈棕褐色，肺门淋巴结、腹股沟淋巴结最明显。

（2）保育猪　与哺乳仔猪所见病变类似，但病变程度轻和病灶多，最常见也是标志性的病变是显著肿大的棕褐色淋巴结。其他较不一致的肉眼损害为球结膜水肿，腹腔、胸腔和心包腔透明液体增多。

（3）生长肥育猪　与保育圈猪中所见类似，但较轻。常见淋巴结肿大，肺脏病变常由于混合感染而复杂化，有水肿出血现象（图4-3～图4-6）。肺炎支原体、多杀性巴氏杆菌和猪流感病毒为常见的协同感染病原，导致肺呈暗红或褐色，肺前部30%～70%出现实变。与支原体和链球菌等细菌协同感染使呼吸道出现渗出物，病肺和未感染肺组织界限清晰。

（4）公猪、母猪　通常没有特定的肉眼和显微损害。

（5）胎儿　PRRSV感染后出生的仔猪，典型的情况是包含正常胎儿、死胎、棕色

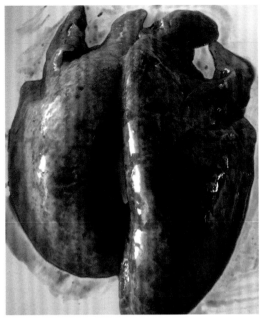

图4-3 肺水肿出血

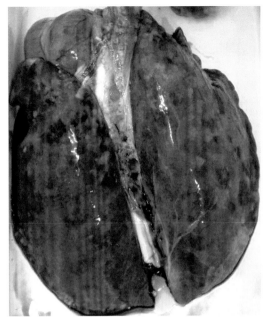

图4-4 肺水肿出血

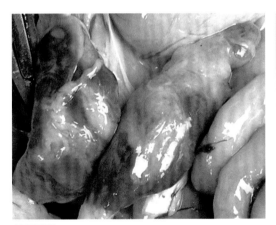

图4-5 病猪腹股沟淋巴结肿大

图4-6 病猪淋巴结肿大出血

和自溶的胎儿，胎儿体表覆盖一层黏性胎粪、血液和羊水。胎儿中最常见的大体病变为脐带有一部分到全部出血。肾周和结肠系膜水肿。

【诊断】根据病史、临床症状、眼观病变、生产记录分析、病毒的检测和血清学试验等资料诊断猪只是否感染了PRRSV。

如果猪群中母猪出现繁殖障碍同时其他猪只发生呼吸道症状即可怀疑为PRRSV感染。通常能够在临床PRRS猪群的繁殖记录上发现如下症状：流产、早产、死胎、断奶前死亡率增加以及非生产时间延长等。

确诊本病应进行实验室诊断，如RT-PCR、间接荧光抗体试验、血清中和试验、免疫过氧化物酶单层试验、酶联免疫吸附试验、病原分离等。

在诊断本病时应注意与其他引起繁殖障碍的疾病、呼吸道疾病进行鉴别，还应注意与其他病毒和/或细菌混合感染的情况。

【防治】

PRRS 是条件性疾病，感染病毒的猪群并不一定发病，是否发病与猪场的饲养管理条件、生物安全措施有关联，饲料中霉菌毒素也影响疾病的发生，因为这都能降低机体的免疫力。

（1）**预防**　预防 PRRS 的目的是阻止病毒进入未感染猪群，或阻止新的变异毒株进入 PRRSV 感染猪群。目前的措施包括对引入种猪进行检疫和实施有效的生物安全管理措施。国外对养殖密度大的地区的猪群使用空气过滤或空气处理系统预防本病获得成功，国内许多种公猪站也使用了空气过滤系统。

（2）**控制**　国内 97% 以上的猪场 PRRSV 阳性，目前尚无特异疗法。控制 PRRS 的目的是限制病毒在生产各环节的传播。

① **小母猪适应**　即引入已经对 PRRSV 产生免疫的后备猪来控制病毒的循环传播。可以采用以下三种免疫策略之一：与 PRRSV 感染动物接触；有目的地感染 PRRSV；接种疫苗（弱毒苗）。在后备小母猪 2～4 月龄时感染病毒，可以保证有足够的时间产生免疫以及在引入种猪群之前感染完全消除。前述的三种方法都能让小母猪获得病毒而产生免疫。

② **种猪群的控制**　坚持应用适应性方案引入后备种猪可以解决种猪群中 PRRSV 感染，并能生产出 PRRSV 阴性的仔猪。母猪和保育猪也就不需要再接种疫苗。弱毒苗一直用于减少种猪群中易感猪，促进 PRRSV 阴性猪的产生和在暴发 PRRS 时限制临床种毒的复制。

③ **猪的管理**

a.**哺乳仔猪管理**　以限制病毒在仔猪中传播为目的采取相应的措施。包括限制 1 天之内不同窝仔猪之间的流动，及时淘汰断奶前慢性感染仔猪以及严格保持产房的全进全出。批次化管理可能更有利于疾病的控制。

b.**断奶猪群的控制措施**　断奶后慢性 PRRS 的控制是兽医所面临的最为棘手的问题之一。病毒在哺育或断奶猪只之间的传播循环是通过病毒从日龄较大的感染猪只传播到新近断奶的猪只来实现的。为了阻止 PRRSV 在慢性感染猪群中的继续传播，可以采用剔除部分病猪的方法进行控制。剔除部分病猪的方法已经表明具有明显改进日增重、减少死亡并能从总体上减少护理病猪经济损失的优点。这种方法的缺点是需要剔除日龄较大的猪只而且可能需要定期重复剔除，以维持生产性状的改进。另外一种从生长猪中清除病毒而不必淘汰的方法是普遍接种弱毒疫苗，国内通常在 15 日龄前后接种弱毒苗，用于控制断奶后病毒在猪群的传播。

断奶猪群的控制措施也包括 PRRSV 感染时控制并发的副猪嗜血杆菌、猪链球菌和猪流感病毒等并发感染。针对个体感染可能需要进行适当的疫苗免疫和治疗。

（3）**根除**　根除是猪群中 PRRSV 的根除，而不是抗体阳性猪的根除。感染猪场成功根除的确切方案包括整体淘汰/更新猪群、部分淘汰、早期断奶隔离饲养、检测淘汰以及猪群的关闭等。种猪群中 PRRSV 的成功根除依赖于阴性未感染猪的引入，此时病毒的循环被阻断。最后要达到的目标是获得经过免疫的无病毒猪群。为防止猪群的再感染，必须制定严格的生物安全措施。

关于猪群的关闭，其实施的可行性是因为 PRRSV 不能在免疫过的猪群中长期存在。其根除方法是在所有动物都有可能感染病毒的情况下，让所有的动物都感染病毒并且不引入新的后备猪，推荐至少关闭猪群 200 天。这种方法必须配合早期断奶隔离饲养技术。

（4）疫苗 接种疫苗能够产生保护性免疫反应、减轻临床症状和减少病毒排泄。有弱毒苗和灭活苗。虽然使用某些弱毒疫苗可能会使猪只感染PRRSV，但是弱毒疫苗确实能够产生更加有效的免疫反应。通常认为灭活苗的保护性较差，但是如果与弱毒苗联合应用或者用于之前感染过PRRSV的猪会刺激记忆应答反应并诱导产生中和抗体。

给临床猪群接种疫苗后，可能会出现不同的效果。出现这种差异的原因可能是市场上销售的疫苗不同以及疫苗的接种途径不同所造成的。同样，免疫结果也反映了不同地区流行毒株的差异以及/或者疫苗株与临床流行毒株之间交叉保护方面的关系。此外，接种弱毒疫苗也会出现毒力返强的情况。疫苗毒株与临床PRRSV毒株在传播方式、存留时间、经胎盘传播和先天性感染、精液外排以及诱导保护性免疫反应的时间等方面都具有相似的特点。

国内有多个毒株的弱毒苗，经典毒株与高致病性毒株有交叉免疫。选择疫苗的重要依据在于疫苗的安全性和免疫原性。

（5）发病后的措施 PRRS尚无特异疗法。对病猪群给予退热药、抗菌药（大环内酯类如替米考星、泰乐菌素等）以及改善心肺功能的药物，经过7～10天的治疗，大多数病猪可以临床恢复。

单元二 猪伪狂犬病

伪狂犬病（Pseudorabies，PR）是由伪狂犬病病毒（PRV）引起的家畜和多种野生动物的急性传染病。感染猪的临诊特征为体温升高，新生仔猪主要表现神经症状，还可侵害消化系统。成年猪常为隐性感染，妊娠母猪感染后可引起流产、死胎及呼吸系统症状。公猪表现为繁殖障碍和呼吸系统症状。除猪以外的其他动物发病后通常具有发热、奇痒及脑脊髓炎等典型症状，均为致死性感染。

【病原】伪狂犬病病毒属于疱疹病毒科α疱疹病毒亚科的猪疱疹病毒I型，完整病毒粒子呈圆形，有囊膜和纤突。基因组为线状双股DNA。该病毒只有一个血清型，但不同毒株之间存在毒力和生物学特性等方面的差异。

该病毒可在鸡胚及多种动物细胞生长繁殖。病毒的毒力由几种基因协同控制，主要有gE、gD、gI和TK基因。其中TK基因是主要的毒力基因。TK基因一旦缺失，则PRV对宿主的毒力将丧失或明显降低。目前已研制出缺失一种或几种基因的基因缺失苗。伪狂犬病毒对脂溶剂敏感，各种消毒剂都能迅速将其杀灭。本病毒对外界环境的抵抗力强，在污染猪舍能存活1个多月。

【流行病学】

（1）易感性 猪是伪狂犬病毒的贮存宿主，其他如牛、羊、猫、犬、兔、鼠等多种动物都可自然感染，许多野生动物如水貂、雪貂、北极熊、狐狸等也可感染发病。人对伪狂犬病毒不易感。

（2）传染源 病猪、带毒猪以及带毒鼠类是本病重要的传染源，病毒主要从病猪的鼻分泌物、唾液、乳汁和尿中排出，有的带毒猪可持续排毒1年。其他动物感染本病与接触猪和鼠类有关。

　　无论是野毒感染猪还是弱毒疫苗免疫猪都会导致潜伏感染，而且这种潜伏感染有可能被应激因素激发而引起暴发。感染过伪狂犬病毒的血清阳性猪群被视为病毒潜在的携带者。

　　（3）**传播途径**　本病可经消化道、呼吸道黏膜、皮肤伤口以及配种等发生感染。妊娠母猪感染本病后可垂直传播，流产的胎儿、子宫分泌物中含大量病毒。

　　（4）**流行特点**　哺乳仔猪日龄越小，发病率和病死率越高，随着日龄增长而下降，断乳后的仔猪多不发病但可长期带毒排毒。

　　本病多发生在寒冷季节，但其他季节也有发生。

　　饲养管理不善、卫生条件差、其他疫病控制不当、各种应激因素等都易诱发本病。

　　【临床症状】潜伏期一般3～6天，短的36h，长者可达10天。

　　妊娠母猪感染后，体温升高0.5℃左右，精神沉郁、食欲减退或废绝、咳嗽、腹式呼吸以及便秘。发生流产、产死胎、木乃伊胎及延迟分娩。妊娠后期感染时，虽然可产出活的胎儿，但这些仔猪生活力差，通常在生后1～2天内出现神经症状而死亡（图4-7，图4-8）。

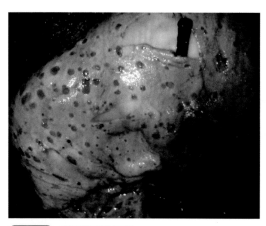　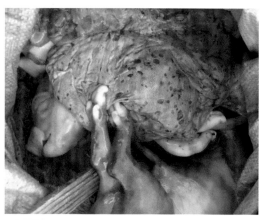

图4-7　病猪流产的死胎　　　　**图4-8**　病猪流产的死胎

　　新生仔猪在20日龄内大量死亡，3～5日龄是死亡高峰期，有的整窝全部死亡。表现明显的神经症状，共济失调、昏睡、鸣叫、呕吐、腹泻，眼睑和嘴角水肿（图4-9，图4-10），腹部有粟粒大紫色斑点，有的甚至全身紫色。一旦发病，1～2天内死亡。出现神经症状的仔猪死亡率为100%。

　　20日龄以上的仔猪，症状与20日龄以内的仔猪相似，不过病程略长，病死率40%～60%。断奶前后有明显黄色水样稀便的仔猪，病死率可达100%。

　　2月龄以上的猪，症状较轻，随年龄增长，神经症状减少，多表现为沉郁、呼吸困难和严重的咳嗽等。

　　母猪配种后返情率高达90%，屡配不孕；公猪感染后，表现阴囊肿胀。

　　【病理变化】主要表现为鼻腔卡他性或化脓出血性炎症，扁桃体水肿并出现坏死灶。喉头水肿，气管内有泡沫样液体，肺水肿出血。心肌松软，心包及心肌可见出血点。肝脏、脾脏、肾脏有散在的灰白色坏死灶，脾脏梗死，肾脏布满针尖状出血点。胃底可见出血。淋巴结充血肿大。有神经症状者，脑膜明显充血、出血和水肿。流产胎儿可见脑壳及臀部皮肤出血，体腔内有棕褐色液体潴留，肾及心肌出血，肝、肾有灰白色坏死点（图4-11～图4-18）。

图4-9 共济失调

图4-10 病猪眼睑水肿

图4-11 扁桃体坏死

图4-12 喉头黏膜坏死

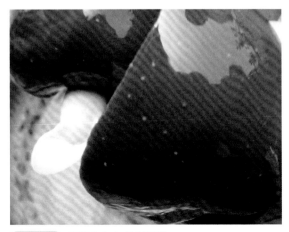

图4-13 肝脏有灰白色坏死灶

图4-14 肝脏有灰白色坏死灶

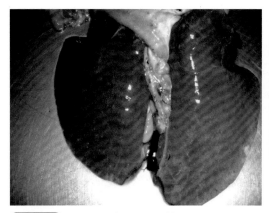

图4-15 肺脏充血水肿有坏死灶

图4-16 肺脏坏死并出血

图4-17 脾脏有散在的灰白色坏死灶和梗死

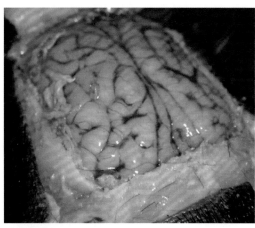

图4-18 脑水肿

还可见到公猪阴囊肿大。阴囊部的肿大是睾丸鞘膜炎性渗出的结果。

【组织学变化】 中枢神经系统呈弥漫性、非化脓性脑膜炎，有明显的血管套和胶质细胞坏死。在病变神经细胞、胶质细胞及肝、肾的坏死细胞可见包涵体。

【诊断】根据本病的症状可以初步诊断本病。其特征如下。

① 哺乳仔猪的病死率高，且年龄越小，病死率越高。

② 仔猪发病多表现神经症状，随年龄增长，神经症状减少。

③ 猪群呼吸道症状明显，连续不断地、严重地咳嗽。

④ 妊娠母猪流产、死产或延迟分娩。

（1）实验室诊断 病毒的检测方法有聚合酶链式反应（PCR）用于检测，可检出病毒的存在。免疫过氧化物酶和/或免疫荧光染色也可用于检测病原。

（2）抗体检测 酶联免疫吸附试验广泛用于抗体测定，也可使用乳胶凝集试验、免疫印迹法和病毒中和试验。

（3）动物接种试验　病料接种兔常出现奇痒症状后死亡，亦可接种小白鼠。

随着伪狂犬病基因缺失疫苗的应用，临床上已能区分疫苗免疫动物与野毒感染动物。由于基因缺失疫苗免疫动物不产生针对缺失蛋白的抗体，而自然感染动物则具有该抗体，因此可将其区分开。目前，针对缺失的糖蛋白建立的鉴别诊断方法有gE-ELISA、gG-ELISA、gC-ELISA以及gE-LAT（乳胶凝集试验）、gG-LAT等。

【防治】

（1）平时的预防措施　目前我国猪伪狂犬病流行严重，应采取综合措施进行防控。

① 通过包括实验监测在内的流行病学调查，掌握本场或本地区PRV野毒的带毒情况，制定本病控制或彻底净化的目标，然后分步实施。

② 种猪场实行伪狂犬病基因缺失疫苗免疫接种，结合野毒抗体检测，淘汰野毒感染猪。经过多轮的检测、淘汰，实现猪伪狂犬病的净化。

③ 猪伪狂犬病阴性的养殖场或地区，引进种猪时要进行严格的检疫，防止将野毒引入健康猪群是控制猪伪狂犬病的一个非常重要和必要的措施。同时要做好消毒、伪狂犬基因缺失疫苗免疫及血清学监测工作。

④ 猪伪狂犬病阳性场或地区，通过高密度接种伪狂犬病基因缺失疫苗控制疫情，减少损失。种猪每年免疫3～4次基因缺失弱毒苗免疫，商品猪免疫两次。

⑤ 养殖场还需严格灭鼠，控制犬、猫、鸟类和其他禽类进入猪场。

（2）发生疫情时的控制措施

① 用基因缺失弱毒苗全场紧急免疫，新生仔猪出生第二天弱毒苗滴鼻免疫。

② 查找管理上的漏洞，改善生产管理。

单元三　猪细小病毒病

猪细小病毒（Porcine Parvovirus，PPV）可以引起猪的繁殖障碍，主要表现为胎儿和胚胎的感染死亡，而母体通常不表现症状。

【病原】猪细小病毒属于细小病毒科细小病毒属，病毒粒子呈圆形或六角形，无囊膜，基因组为单股DNA。

细小病毒具有血凝性，能凝集猴、豚鼠、猫、鸡、大鼠和小鼠等多种动物以及人的红细胞。

病毒对外界环境的抵抗力很强，能耐受56℃48h，72℃2h，但80℃5min可使病毒失去活力。对脂溶剂及胰蛋白酶具有很强的抵抗力，耐酸范围大，pH3～9之间稳定，pH值为2时，稳定性下降。0.5%漂白粉溶液、2%NaOH溶液，5min可杀死病毒。

【流行病学】

（1）易感性　猪细小病毒在世界各地的猪群中广泛存在，不同年龄、性别、品种的猪都可感染，呈地方流行或散发，特别是在易感猪群初次感染时，还可呈急性暴发，造成相当数量的初产母猪流产、产死胎等。

（2）传染源　感染本病毒的母猪、公猪及污染的精液是主要传染源。感染母猪所产死胎、木乃伊胎、活仔及子宫分泌物中均含有高滴度的病毒。垂直感染的仔猪至少可带毒9周以上。某些有免疫耐受性的仔猪可能终身带毒和排毒。公猪对本病的传播起重要作用。急性感染期猪的分泌物和排泄物中病毒的感染力可保持几个月，污染过的猪舍在空舍4个半月后仍可感染猪。

（3）传播途径　本病可经胎盘垂直传播和交配感染。也可以通过污染的食物、环境，经消化道和呼吸道感染。出生前后的猪最常见的感染途径是胎盘和口鼻。另外鼠类也可机械地传播本病。

（4）流行特点　本病常见于初产母猪。免疫母猪所哺乳的仔猪可以从初乳中获得高滴度的抗体，这些抗体随着时间的推移而逐渐减少，如果用血凝抑制试验检测血清，在3～6月龄时，这种抗体通常下降到检不出的水平。大多数母猪在怀孕前已受到自然感染，而产生了主动免疫。9月龄以上的母猪多数会通过自然感染产生主动免疫。

【临床症状】仔猪和母猪的感染，通常都呈亚临床症状。主要表现为母猪的繁殖障碍。母猪在怀孕的不同时期感染，表现有一定的差异。在怀孕早期感染时，胚胎、胎儿死亡，死亡胚胎被母体迅速吸收，母猪有可能再度发情；在怀孕30～50天感染，主要是产木乃伊胎，如早期死亡，产出小的黑色木乃伊胎，如晚期死亡，则子宫内有较大木乃伊胎；怀孕50～60天感染时主要产死胎；怀孕70天感染时常出现流产；怀孕70天之后感染，母猪多能正常生产，但产出的仔猪带毒，有的甚至终身带毒而成为重要的传染源。母猪可见的唯一异常是在怀孕中期或后期腹围减小（图4-19）。

此外，本病还可引起母猪发情不正常，久配不孕，新生仔猪死亡和产弱仔等症状。对公猪的受精率和性欲没有明显影响。

【病理变化】　可见母猪子宫内膜有轻度的炎症反应，胎盘部分钙化，胎儿在子宫内有被溶解吸收的现象。出现木乃伊胎、畸形胎、骨质溶解的腐败黑化胎儿等。受感染胎儿，表现不同程度的发育障碍和生长不良，有时胎重减轻。胎儿可见充血、水肿、出血、体腔积液、脱水（木乃伊胎）及死亡等症状（图4-20）。

【组织学变化】　感染母猪的子宫上皮组织和固有层有局灶性或弥散性单核细胞浸润；胎儿的各种组织和器官有广泛的细胞坏死、炎症和核内包涵体，在大脑灰质、白质和软脑膜有以增生的外膜细胞、组织细胞和浆细胞形成的血管套为特征的脑膜炎变化。

图4-19　初产母猪只产一头仔猪

图4-20　木乃伊胎

【诊断】根据流行病学、临床症状和剖检变化可作出初步诊断，但最终确诊有赖于实验室工作，如病原的分离和鉴定，以及血清学诊断。

应注意与乙型脑炎、伪狂犬病、猪瘟、布鲁菌病、衣原体病、钩端螺旋体病以及弓形虫病等引起的繁殖障碍相区别。

【防治】对本病尚无有效的治疗方法。

疫苗接种是预防本病的主要措施，常用的疫苗有灭活疫苗和弱毒疫苗。对后备母猪在配种前进行两次疫苗接种，间隔2～3周，可取得良好的预防效果。

仔猪母源抗体的持续期为14～24周，抗体效价大于1∶80时可抵抗猪细小病毒的感染，因此，在断奶时将仔猪从污染猪群移到没有本病污染的地方饲养，可培育出血清阴性猪群。

单元四　猪乙型脑炎

猪乙型脑炎（Swine Encephalitis B）是由日本乙型脑炎病毒引起的一种人畜共患传染病。人的乙型脑炎起源于日本，1871年对这种疾病在临床上有了初步认识，1924年发生大流行时认为是一种特殊的传染病。该病主要在夏秋季节流行，曾称为"夏秋脑炎"，为了区别于在冬季曾发生过的昏睡脑炎（嗜眠性脑炎），1928年将昏睡性脑炎称为流行性甲型脑炎，而将夏秋流行的脑炎称为流行性乙型脑炎，又称为日本乙型脑炎。

本病在人和马呈现脑炎症状，家畜中以猪的乙脑病例为最多，其主要症状表现为个别妊娠母猪流产和产死胎，种公猪睾丸炎，生长肥育猪一过性发热和新生仔猪脑炎。其他家畜和家禽大多呈隐性感染。在我国除新疆和西藏外，其他各地区均有流行，尤其是广东、广西、海南、福建、台湾等。此病造成的主要经济损失是怀孕母猪发生繁殖障碍。

【病原】乙脑病毒属于黄病毒科黄病毒属。病毒粒子呈球形，有囊膜，基因组为单股RNA。

乙脑病毒具有血凝活性，其血凝性比较广，在一定条件下能凝集雏鸡、鹅、鸽、绵羊等动物的红细胞，但其血凝素易被破坏，而且血凝反应要求比较严格的pH阈。减毒毒株的血凝性相当低，甚至完全丧失。

乙脑病毒只有一个血清型，但各个毒株在毒力和血凝特性上具有比较明显的差别。它们的抗原性都较强，自然感染或人工感染的动物一般都能产生较高效价的中和抗体、血凝抑制抗体和补体结合抗体。

乙脑病毒在外界环境中的抵抗力不强，易被消毒剂灭活。56℃加热30min或100℃ 2min均可使其灭活。病毒对酸和胰酶敏感。

【流行病学】

（1）易感性　猪易感，人、马、骡、驴、牛、羊、鹿、鸡、鸭和野鸟等也有易感性。以幼龄动物最易感。

（2）**传染源**　乙脑是自然疫源性疾病，许多动物和人感染后都可成为本病的传染源。国内很多地区猪、马、牛等的血清抗体阳性率在90%以上。猪感染后产生病毒血症时间较长，血中病毒含量较高，而且猪的饲养数量多，更新快，总是保持着大量新的易感猪群，媒介蚊虫嗜猪血，容易通过猪-蚊-猪的循环，扩大病毒的传播，所以猪是本病的主要增殖宿主或传染源。其他温血动物虽能感染乙脑病毒，但随着血中抗体的产生，病毒很快从血中消失，作为传染源的作用很小。此外，鹭、蝙蝠、越冬蚊虫也可能是乙脑病毒的储存宿主。

（3）**传播途径**　本病主要通过带病毒的蚊虫叮咬而传播，已知库蚊、伊蚊、按蚊属中的不少蚊种以及库蠓等均能传播本病。其中尤以三带喙库蚊为本病主要媒介，病毒在三带喙库蚊体内可迅速增至5万～10万倍。三带喙库蚊的地理分布与本病的流行区相一致，它的活动季节也与本病的流行期明显吻合。

在热带地区，本病全年均可发生，无明显的季节性。而在温带和亚热带地区有明显的季节性。80%的病例发生在7月、8月、9月三个月内。乙脑发病形式具有高度散发的特点，但局部地区的大流行也时有发生。

【**临床症状**】常突然发病，个别猪表现一过性发热，体温40～41℃。病猪精神沉郁，嗜眠喜卧，食欲减少或不食，口渴增加，粪便干硬呈球形，表面附有白色黏液，尿成深黄色。个别猪兴奋，乱撞及后肢轻度麻痹，有的后肢关节肿胀而跛行。幼龄猪偶尔有神经症状，成年猪及怀孕母猪症状不明显。

公猪感染后发热，睾丸肿胀，肿胀常呈一侧性，有时也有两侧睾丸同时肿胀的，大多数2～3天后肿胀消失，逐渐恢复正常（图4-21，图4-22）。个别公猪睾丸萎缩、变硬，失去种用能力。

妊娠母猪感染时，个别会发生突发性流产，流产后母猪症状很快减轻，体温和食欲逐渐恢复正常。多数母猪不表现症状，而是在分娩时产出数量不等的死胎、木乃伊胎或弱仔，但多为死胎。死胎大小不等，多见肢、蹄及头部畸形。

【**病理变化**】病猪的眼观病变主要在脑、脊髓、睾丸和子宫。脑和脊髓可见充血、出血、水肿或脑液化。睾丸充血、出血和坏死。子宫内膜充血、水肿、黏膜上覆有黏稠

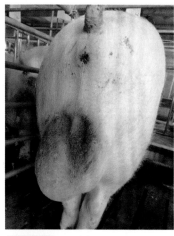

图4-21　公猪睾丸肿胀

图4-22　公猪睾丸肿胀

的分泌物。产死胎。胎盘呈炎性浸润，流产或早产的胎儿常见脑水肿、皮下水肿，有血性浸润，胸腔积液，腹水增多（图4-23～图4-28）。

图4-23 乙脑死胎

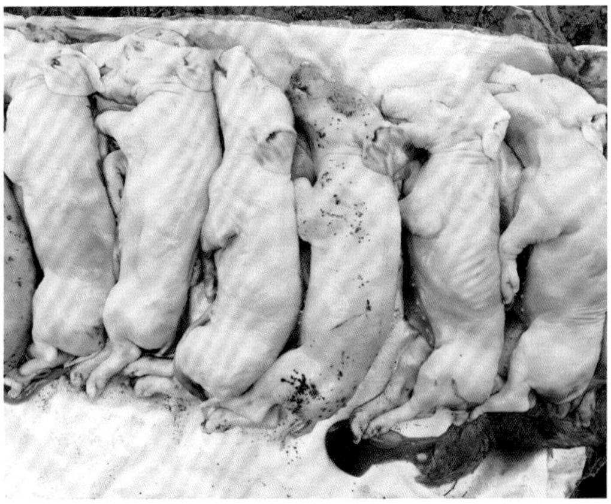

图4-24 乙脑全窝死胎

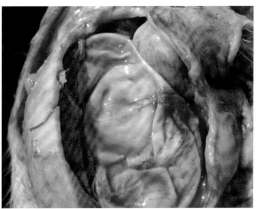

图4-25 脑液化

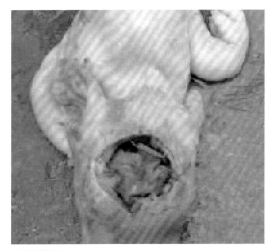

图4-26 脑液化

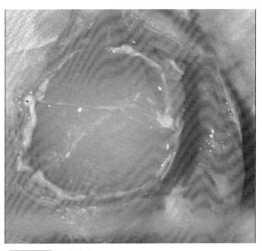

图4-27 脑液化

图4-28 脑液化

【诊断】

（1）临床综合诊断　本病有明显的季节性和地区性。种公猪发生睾丸炎是最显著的症状，怀孕母猪发生流产是偶发的，多于正常分娩时产死胎、木乃伊胎（数量不等）。

（2）实验室诊断　包括病毒分离、血清学诊断（血凝抑制试验、中和试验、酶联免疫吸附试验、乳胶凝集试验）。

（3）鉴别诊断　在临床上，猪流行性乙型脑炎与猪布鲁菌病、细小病毒感染以及伪狂犬病极为相似，应注意鉴别。

【防治】根据本病的流行病学特点，消灭蚊虫是控制乙脑流行的一项重要措施，但灭蚊技术尚不完善，免疫接种是一项有效的措施。

目前猪用乙脑疫苗主要有两种，即灭活疫苗和弱毒疫苗。由于乙脑主要依赖于细胞免疫，因此建议用弱毒苗进行免疫。

推荐在本病流行地区，在蚊子开始活动的前1个月对4月龄至2岁的公猪、母猪注射疫苗，半年后加注1次，以后每年注射1次。

【公共卫生】带毒猪是人乙型脑炎的主要传染源，往往在猪乙型脑炎流行高峰过后1个月便出现人乙型脑炎发病高峰。人感染后从隐性到急性致死性脑炎，潜伏期一般为7～14天。患者大多数为儿童。多突然发病，最常见的临床症状是发热、头疼、昏迷、嗜睡、烦躁、呕吐以及惊厥等。

预防人类乙型脑炎主要靠免疫接种，我国对本病实行计划免疫，即所有儿童都要按时接受疫苗接种。

第五章

其他疾病

单元一 猪应激综合征

猪应激综合征（简称PSS）是猪遭受内外环境因素的刺激所产生的一系列非特异性病理反应。多发生在肌肉发育良好、脂肪极薄、体形较矮和步行笨、易惊恐、肌肉与尾颤抖、胆小神经质的猪。

【病因】猪应激综合征的发生与品种有关，应激敏感品种有皮特兰猪、长白猪、苏太猪、太湖猪、新淮猪等。此外，与硒缺乏症、内分泌失调、蛋白质缺乏有关，主要由环境应激所致，如惊吓、捕捉、运输、驱赶、过冷过热、拥挤、混群、噪声、电刺激、空气污染、环境突变、防疫、公猪配种、母猪分娩等。夏秋温度过高也可提高应激性疾病的发生率。有些药物也可诱发本病，如某些吸入麻醉剂（如氟烷、异氟醚等）和某些去极化型肌松剂（如琥珀酰胆碱等）等常成为本病的激发剂。

【临床症状】猪的应激有多种表现形式。

（1）急性猝死征　这是应激表现最严重的形式。个别应激敏感猪在受到抓捕、惊吓或注射时突然死亡；有的公猪在配种时，由于过度兴奋而急性死亡，有的猪在车船运输中突然死亡。患猪常无任何症状而突然死亡。死前其运动失调、呼吸困难，血液pH值低于常值。

（2）急性应激综合征　多见于长途运输中的生长肥育猪，由于生存环境突然改变、拥挤、高温等，使猪发生肺炎，临床主要表现为体温升高，呼吸困难，全身肌肉震颤，皮肤出现红斑或紫斑（图5-1，图5-2），死亡率较高。尸僵快，尸体酸度高，肉质发生

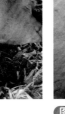
图5-1　皮肤红斑

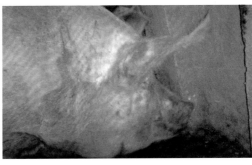
图5-2　皮肤红斑

变化，如水猪肉、暗猪肉、急性背肌坏死等。某些待宰育肥猪，因为使用全身麻醉药物也可引起应激综合征。

（3）以诱发感染为主的应激　一些应激因素如寒冷、有害气体过多等常引起免疫功能下降，一些条件性病原微生物如大肠杆菌、沙门菌、副猪嗜血杆菌、多杀性巴氏杆菌等大量繁殖，引起相应疾病。

（4）胃溃疡型　猪受应激刺激，引起胃泌素分泌旺盛，形成自体消化，导致胃黏膜发生糜烂和溃疡。急性病例易呕吐，其胃内容物带血，粪便呈煤焦油状。有的胃内大出血，病猪体温下降，黏膜和体表苍白，突然死亡。慢性病例食欲不振，体弱，行动迟钝，有时腹痛，弓背伏地，排暗褐色粪便。若胃壁穿孔，则继发腹膜炎而亡。

【病理变化】猪急性应激综合征主要影响肉品品质。60%～70%的应激猪死后可见PSE肉（pale soft exudative meat，简称PSE肉），猪肉色泽灰白，质地松软，缺乏弹性，切面多汁。组织学检查，肌纤维变粗，横纹消失，肌纤维分离，甚至坏死。其他实质器官一般无眼观变化。

肌肉的组织变化具有指标性意义。PSE肉的形成，一是由于肌红蛋白含量少，二是由于宰后pH值迅速下降，致使肌红蛋白氧化为变性肌红蛋白，另外可溶于水的肌红蛋白随渗出水而流失，使肌肉色泽苍白。镜下可见肌纤维水肿、变性、腿肌坏死，猪急性背肌坏死。猪肉中可见到坏死和炎性变化，肌肉内部可出现"巨纤维"，其纤维粗大，排列疏松，有的发生断裂。纤维内容物浓缩并与肌内膜分离，白肌纤维量大，红肌纤维量少。由于肌肉蛋白的变性，使肌肉蛋白系水力下降，肌肉汁液渗出。肉温上升和pH值下降可使肌膜变性、崩解，组织脆弱，致密性下降，导致肌肉柔软和切面松散。

血液乳酸和丙酮酸的含量均升高。乳酸含量可高达27.75～33.3 mmol/L，甚至达47.18 mmol/L，正常值低于11.1 mmol/L。血液pH可从正常的7.4降至7.0以下，动脉血中的二氧化碳分压升高，氧的消耗增加，比正常多2～3倍，血糖升高。血清钾、磷和离子钙水平升高，血清磷酸肌酸激酶活性升高。

【诊断】急性应激综合征，根据病史，急性休克样症状以及肌肉颤抖和体温迅速升高，心动过速和肌肉僵硬等症状作出诊断。应注意与猪的其他突然死亡加以区别，如热射病、产后低钙、维生素E和硒缺乏引起的桑葚心及仔猪恶性口蹄疫等，可从病史、流行病学、临床症状、病理特征以及防治措施的效果等方面加以综合分析。

对慢性应激以诱发感染为主的应激问题，主要是在诊断过程中对条件性疾病要查找发病因素，因为条件性疾病的发生有明显的管理上的问题。

【治疗】对急性应激综合征，应立即改变不良环境，给予充分安静休息，地面泼凉水降温，症状不严重者多可自愈。对皮肤已发生紫绀、肌肉已僵硬的重症病猪，则必须应用镇静剂、强心药以及抗酸药物。

氯丙嗪1～3mg/kg体重，肌内注射；或地西泮注射液1～7mg/kg体重，肌内注射，有较好的抗应激作用；巴比妥钠、盐酸苯海拉明等也可选用；解除酸中毒，可用5%碳酸氢钠溶液，每头猪100mL，静脉注射。应用强心药及抗心律失常药，如普鲁卡因酰胺可以有效控制急性应激的发作。

对慢性应激引起的感染性疾病，应积极治疗原发病，消除诱发因素，纠正管理中的问题。

【预防】

（1）消除应激源，改进饲养管理。

（2）注意选育繁殖工作。胆小神经质、难于管理、容易惊恐、皮肤易起红斑、体温升高、外观丰满的猪，多为应激敏感型，最好不要选作种用。必要时，检测全血或血清肌酸磷酸激酶以及进行氟烷筛选试验，进而从种猪群中将这类猪淘汰。

（3）在预期应激发生前，应用抗应激药物。

① 预防夏季热应激，复方电解质添加剂（含 Na^+、K^+ 和 HCO_3^-，不含 Cl^-）能够帮助动物机体细胞（包括免疫细胞）保持阴阳离子平衡、酸碱平衡、水平衡，体温稳定。

② 复方布他磷用于预防母猪分娩应激有效。

③ 维生素A、维生素E、维生素C和微量元素硒，均有提高猪抗应激能力的作用。

④ 氮哌酮注射剂。用于防治猪急性应激可分三个档次，低剂量（0.4～1.2mg/kg体重），用于防运输应激；中剂量（2mg/kg体重），可使猪躺下，嗜睡，但催赶时仍能走动；高剂量（肥育猪4mg/kg体重，小猪8mg/kg体重），可使猪镇静倒下，站不起来。但大公猪用量不宜超过2mg/kg体重。所有剂量只能作肌内注射，否则无效。本品用于防止猪混群时争斗、咬尾症、嚼耳症、母猪产后残食仔猪等均有效，可在2～3h内发挥药效，并大约在16h左右从组织中排出，故上市猪一般要在宰前一天使用。

⑤ 盐酸氯丙嗪注射液，用量为1～3mg/kg体重，肌内注射；或用5%静松灵注射液0.5～1mg/kg体重，肌内注射；或用安定注射液，0.55～1mg/kg体重，肌内注射；亦可用安定片剂，2～5mg/kg体重，口服。

单元二　食盐中毒

食盐中毒是动物因食入过量的食盐或含盐饲料，同时饮水又受到限制时所产生的以消化紊乱和明显的神经症状为特征的中毒性疾病。除食盐外，其他钠盐如碳酸钠、丙酸钠、乳酸钠等亦可引起相似症状，因此倾向于统称为"钠盐中毒"。

【病因】食盐中毒的实质是钠离子中毒，其体内的毒性作用包括两个方面：一是高浓度氯化钠对胃肠道的局部刺激作用；二是钠离子潴留所造成的离子平衡失调和组织细胞损害，特别是阳离子之间比例失调和脑组织损害。

在摄入大量食盐且饮水不足而发生急性中毒时，首先发生的是高浓度食盐对胃肠黏膜的直接刺激作用，引起胃肠炎症，同时引起高渗性脱水，丘脑下部抗利尿激素分泌增加，排尿量减少，体内钠离子不能及时经肾排出，积聚在组织和血液中，造成高钠血症和机体的钠潴留，高钠血症破坏了机体一价阳离子和二价阳离子的平衡，一价阳离子可使神经应激性增高，神经反射活动加强。

在食盐摄入量不大，但由于持续缺水也会发生慢性中毒，通常不会引起胃肠炎症。毒性作用主要是在盐被吸收之后，钠离子潴留于全身各组织器官，特别是脑组织，引发脑水肿，导致颅内压增高，脑组织供氧不足，最终导致脑组织变性和坏死，临床上呈现一系列神经症状，尤其是在缺水后突然给予大量饮水时会加剧脑水肿。

【症状】临床上分为最急性型和急性型两种。

最急性型为一次食入大量食盐而发生。临床表现为肌肉震颤，阵发性惊厥，昏迷，倒地，常于2天内死亡。

急性型为吃到较多量食盐，同时又饮水不足时，经过1～5天发病，临床上较为常见。

发病后食欲减少，口渴，流涎。大多数病例呈间歇性癫痫样神经症状，症状发作时，病猪兴奋不安，前冲后退，头碰撞物体，步态不稳，转圈运动，颈肌抽搐，不断咀嚼流涎，口角出现少量白色泡沫，呈现犬坐姿势。后来躺卧，四肢作游泳样动作，呼吸迫促，脉搏快速，皮肤黏膜发绀，此症状发作过程1～5min。发作间歇期，猪只可不呈现任何异常情况，一天内可反复发作无数次。发作时，肌肉抽搐，体温升高，但一般不超过39.5℃，间歇期体温正常。后期后躯麻痹，卧地不起，常在昏迷中死亡。

【病理变化】胃、肠黏膜潮红、肿胀、水肿、出血，甚至脱落，呈卡他性和出血性炎症。脑脊髓各部可见不同程度的充血、水肿，急性病例软脑膜和大脑实质更为明显，脑回展平，表现水样光泽。镜检主要变化在中枢神经系统，尤以软脑膜和大脑组织最典型，毛细血管内皮细胞肿胀，增生，核空泡变性，血管周围间隙因水肿而显著增宽，大脑灰质血管周围有大量嗜酸性粒细胞和淋巴细胞浸润，形成明显的嗜酸性粒细胞管套，呈现特征性的"袖套"现象。

【诊断】根据间歇性神经症状、胃肠炎症状、大脑炎症状、镜检大脑灰质毛细血管周围的嗜酸性粒细胞浸润可作出初步诊断。必要时，可采集可疑饲料、胃内容物、血液、脑组织、肾、脾、心等分析其中NaCl的含量。当大肠内容物NaCl含量大于0.16%，肝组织NaCl含量超过350mg/100g时可判定为食盐中毒。

【治疗】无特殊有效的治疗药物，治疗原则是促进食盐排除，恢复阳离子平衡和对症治疗。

（1）立即更换可疑饲料，停喂食盐。对尚未出现神经症状的猪只给予少量多次的新鲜饮水，以利血液中的盐经尿排出；已出现神经症状的病畜，应严格限制饮水，以防加重脑水肿。

（2）恢复血液中一价和二价阳离子平衡，可静脉注射10%氯化钙溶液，按0.2g/kg体重氯化钙计算。

（3）缓解脑水肿，降低颅内压，静脉注射25%山梨醇或高渗葡萄糖溶液。

（4）促进毒物排除，可用利尿药（如氢氯噻嗪）和油类泻剂。

（5）缓解兴奋和痉挛发作，可用盐酸异丙嗪肌内注射。

（6）因缺水而引起的盐中毒，在补充饮水时要慢慢给予。

【预防】饲料中的食盐用量应按规定添加，并充分搅拌均匀，保证自由饮水。我国仔猪、生长肥育猪配合饲料中食盐含量的卫生标准为0.15%～0.5%，当日粮配合中使用富含食盐的原料（如鱼粉等）时，应将其食盐含量计算在内，以使配合饲料中食盐含量（以干物质计算）不超过0.5%。

单元三 铜中毒

动物因一次摄入大剂量含铜化合物，或长期食入含过量铜的饲料或饮水，引起腹痛、腹泻、肝功能异常和溶血危象，称为铜中毒。

【病因】铜是机体必需的微量元素，但过量的铜又会对机体构成危害。猪对每千克饲料中铜的需要量为5～10mg，饲料中铜含量在125～250mg/kg时，达到猪的耐受量，计量稍有不准或混合不匀就会造成中毒。另外，铜和钼在体内具有拮抗作用，当饲料中钼缺乏时，低水平的铜也可引起猪铜中毒。一般认为，饲料中适宜的铜钼比为（3.5～4.5）：1。当一次性误食或注射大剂量可溶性铜盐；饮用含铜浓度较高的饮水；缺铜地区经饲料补充过量铜制剂，且未能研细、拌匀等因素都可引起动物铜中毒。铜盐具有腐蚀性，过量摄入时对胃肠黏膜产生直接刺激作用，引起急性胃肠炎、腹痛、腹泻。高浓度铜在血浆中可直接与红细胞表面蛋白质作用，引起红细胞膜变性、溶血。肝脏是铜的主要贮存器官，大量铜聚集在肝细胞的细胞核、线粒体及细胞质内，使亚细胞结构损伤。当肝脏从血液中吸收的铜超过其最大贮铜能力时，可抑制多种酶的活性而使肝功能异常，导致肝细胞变性、坏死，并使肝脏排铜发生障碍，造成血铜迅速升高，引起动物爆发式溶血而死亡。爆发溶血时，肾铜浓度增加，肾小管被血红蛋白阻塞，造成肾小管和肾小球坏死，发生肾衰竭。

【症状】

（1）急性中毒 病猪出现呕吐，粪及呕吐物中含有绿色甚至深绿色黏液，大量流涎，腹泻，剧烈腹痛，呼吸增快，脉搏频速，病至后期体温下降，可在24～48h内出现虚脱、休克甚至死亡。

（2）慢性中毒 临床上分三个阶段：早期是铜在体内积累阶段，除肝、肾铜含量大幅度升高，增重减慢外，临床症状不明显。中期溶血危象前阶段，肝脏功能明显异常，天冬氨酸转氨酶（AST）、精氨酸酶（ARG）和山梨醇脱氢酶（SDH）活性迅速升高，血浆铜浓度升高，精神、食欲有轻微变化。后期为溶血危象阶段，表现为烦渴，呼吸困难，食欲下降，消瘦，大便稀薄，粪呈黑绿色，有时出现呕吐，喜卧。全身发痒、发红，皮肤角化不全。血液呈酱油色，血红蛋白浓度降低，血细胞比容（PCV）显著下降。血浆铜浓度急剧升高1～7倍。贫血，可视黏膜轻度黄疸，有血红蛋白尿，虚弱，后期个别猪只死亡。

【病理变化】

（1）急性中毒 胃肠炎明显，主要表现为消化道黏膜糜烂和溃疡，呕吐，粪便及胃内食物呈绿色或深绿色，肠壁呈绿色或墨绿色（图5-3，图5-4）。胸、腹腔黄染并积有红色液体。膀胱黏膜出血，内有红色至红褐色尿液。

（2）慢性中毒 主要病理变化在肝、肾。表现为肝肿大一倍以上、黄染，质地较硬，胆囊扩张，胆汁浓稠；肾肿大，包膜紧张，色泽深暗，常有出血点。脾肿大，呈棕色至黑色。肠系膜淋巴结弥漫性出血，胃底黏膜严重出血，食道、大肠黏膜溃疡。

图5-3 肠壁呈绿色

图5-4 肠壁呈墨绿色

电子显微镜下可见肝细胞线粒体肿胀，空泡形成。肾小管上皮细胞变性、肿胀，肾小球萎缩。

【诊断】急性铜中毒可依据病史，临床上有腹痛、腹泻、PCV下降，结合病理剖检变化可建立初步诊断。慢性铜中毒可依据肾、肝、血浆铜浓度及酶活性测定结果，结合可疑饲料铜含量测定建立确诊。通常情况下，血浆铜含量为148～267μg/100mL，肝铜含量约为30mg/kg（以干物质计）。铜中毒时，血、肝铜含量显著增加。

在可疑饲料中，有时可看到蓝色硫酸铜结晶。把可疑饲料加少量水浸溶，然后加入1mL6mol/L氨水，如有大量铜存在时，溶液呈淡绿色至深蓝色。

【治疗】

（1）急性铜中毒　按胃肠道刺激性药物处理，使用依地酸钙钠和青霉胺有良好效果，也可灌服牛奶、蛋清或稀粥，以保护胃肠黏膜和减少铜的吸收。

（2）慢性中毒　三硫钼酸钠促进铜通过胆汁排入肠道，剂量为0.5mg/kg体重，稀释为100mL，缓慢静脉注射，3h后根据病情可再注射一次。对亚临床铜中毒及经过三硫钼酸钠抢救，已经脱离溶血危象的急性中毒猪只，可在日粮中每日补充100mg钼酸铵和1g无水硫酸钠或0.2%的硫黄粉，混匀饲喂，连续数周，直至粪便中铜降至接近正常为止。

【预防】

（1）按营养需要在饲粮中添加铜盐，并注意混合均匀。

（2）在使用高铜作为促生长剂时，应在饲粮中同时补充锌100 mg/kg饲料，铁80mg/kg饲料，可减少铜中毒的概率。

单元四　磺胺类药物中毒

磺胺类药是以对氨苯磺胺为中心合成的一类广谱抗菌药物，用于预防和治疗多种细菌感染。如果用量过大或用药时间过长会引起猪发生中毒。

【病因】一次大剂量或长期的用药会导致猪只发生程度不同的磺胺类药物中毒。

磺胺类药物主要通过胃肠道吸收进入血液，药物随血液广泛分布到全身组织和体液中。以血液、肝、肾含量较高，神经、肌肉及脂肪中的含量较低，可进入乳腺、胎盘、胸膜、腹膜及滑膜腔，易于通过血脑屏障进入脑脊液（为血药浓度的50%～80%）。一些磺胺药物还能透过细胞膜进入细胞内。进入肾脏中的大剂量的磺胺药物可直接损害肾小管上皮细胞，磺胺类晶体可沉积或形成结石，引起肾小管、肾盏、肾盂、输尿管等处的阻塞，并致使肾小管细胞的变性和坏死。

过量的磺胺类药物对各种器官都有毒害损伤作用，其毒性作用的大小与其药物浓度或蓄积量呈正相关，剂量或溶解度愈大，毒性作用也愈大。磺胺药主要通过肝脏代谢发生乙酰化，大剂量可导致动物中毒性肝病。血液病理变化主要表现为白细胞减少症、再生障碍性贫血、溶血性贫血、黄疸。磺胺类药物能够与胆红素竞争性地结合血浆蛋白，导致血液内游离胆红素水平增高，引起黄疸；由于磺胺类药物能够与体内蛋白质结合形成抗原，从而引起过敏反应的发生，导致肾小管和肾组织水肿，肾间质内嗜酸性粒细胞的变性、坏死。还能改变中枢神经系统与消化器官的机能。

【症状】

（1）急性中毒 主要表现为共济失调，痉挛性麻痹，肌肉无力，惊厥，瞳孔散大，暂时性视力降低，心动过速，呼吸加快，全身大汗等。猪也可出现中枢神经兴奋性增强，感觉过敏，昏迷，厌食，呕吐或腹泻等症状。

（2）慢性中毒 主要损害消化和泌尿系统，导致功能紊乱，表现为结晶尿、血尿、蛋白尿，甚至尿闭，食欲不振，便秘，呕吐，腹泻等。

【病理变化】急性中毒时血液凝固不良，小肠卡他性炎症，肝呈紫红色或灰褐色，略肿大，脾淤血，肾肿大呈土黄色，肾皮质表面有细小出血点，肾小管、肾乳头、肾盂及输尿管内有白色粉末状磺胺结晶，盲肠、结肠内出血，肠系膜淋巴结肿大（图5-5～图5-10）。

慢性中毒时肾小管、肾盏、肾盂、输尿管等处出现磺胺药物的结晶。肝、脾、肾、肺有干酪样坏死区，并有淋巴细胞和巨噬细胞浸润，肝门周围有单核细胞浸润等病理变化。

图5-5 皮下充血

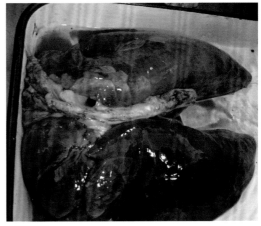

图5-6 肺淤血水肿

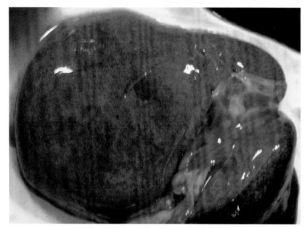

图5-7 肾脏肿大，肾小管充满白色药物结晶

图5-8 肾脏肿大，肾小管充满白色药物结晶

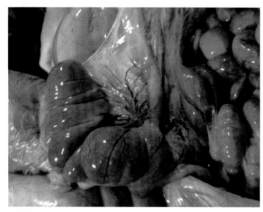

图5-9 盲肠、结肠内出血

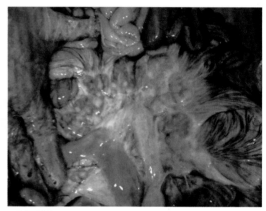

图5-10 肠系膜淋巴结肿大

【诊断】依据有大剂量或长期使用磺胺类药物的病史，临床上有以中枢兴奋、呼吸加快、全身大汗、呕吐或腹泻等消化机能紊乱为主的综合征，结合剖检变化可作出初步诊断。确诊需对用药和饲料添加剂的剂量进行实验室诊断，必要时做药物检测。

【治疗】立即停止用药，出现结晶尿或血尿时，口服碳酸氢钠或静脉注射5%葡萄糖溶液。

【预防】生产中严格控制磺胺类药物的添加量，连续用药必须限制在一定的时间内，或采用间歇性给药的方法。

单元五　霉菌毒素中毒

霉菌毒素是谷物或饲料中霉菌生长产生的次级代谢物，养猪生产中的多数有机饲料都有可能涉及霉菌毒素问题（如玉米、小麦、高粱、棉籽）。

公认的两大类霉菌为田间霉菌和仓储霉菌。在收割前的作物中有田间霉菌生长。镰孢霉是典型的田间霉菌，它们生长需要较高的相对湿度（＞70%）和作物含水量（＞23%）。通常田间霉菌在贮藏期不会再生长，也不产生毒素。

仓库霉菌包括曲霉属和青霉属，它们产生的几种霉菌毒素对养猪业具有重要影响。这些霉菌甚至在湿度为14%～18%和温度为10～50℃条件下也可生长并产生霉菌毒素。黄曲霉菌，通常被认为是一种仓库霉菌，经常在收获前的作物中即可产生高浓度的黄曲霉毒素。

目前已知的霉菌毒素约200种，其中较为重要的有黄曲霉毒素、杂色曲霉毒素、赭曲霉毒素、烟曲霉毒素、单端孢霉毒素、玉米赤霉烯酮（F-2毒素）、镰刀菌毒素、岛青霉毒素、橘青霉毒素、展青霉毒素等约25种，其中对猪危害最大的是黄曲霉毒素。

霉菌毒素中毒一般具有饲料相关性、地区性、季节性、群发性、不传染性、再发性及可诱发复制性等临床特征。本节主要阐述猪场常发生的霉菌毒素，包括黄曲霉毒素、单端孢霉毒素、玉米赤霉烯酮、烟曲霉毒素和赭曲霉毒素。

（一）黄曲霉毒素中毒

【病因】黄曲霉和寄生曲霉可在贮藏期间和收割前期的谷物和油料作物的种子中产生黄曲霉毒素。黄曲霉毒素B_1、B_2、G_1和G_2发生于谷物中，哺乳动物将其代谢后，则以黄曲霉毒素M_1形式出现于乳和尿中。在自然污染条件下黄曲霉毒素B_1最常见，其毒性也最大。黄曲霉毒素B_1被肝微粒体混合功能氧化酶代谢后至少形成7种代谢物。黄曲霉毒素的主要代谢物是环氧化物，它可与核酸和蛋白质共价结合，被认为与黄曲霉毒素引起肝癌、中毒症状和损伤有关。蛋白质合成受损，继而不能动员脂肪，导致肝脂肪变化和坏死的早期特征性损伤，以及增重率降低。日粮中缺乏蛋白质的动物对黄曲霉毒素更易感，若增加日粮中的蛋白质，则可避免黄曲霉毒素对增重的影响。

黄曲霉毒素是目前已发现的各种霉菌毒素中最稳定的一种，在通常的加热条件下不易被破坏。如黄曲霉毒素B_1可耐200℃高温，强酸不能破坏，加热到它的最大熔点268～269℃才开始分解。毒素遇到碱能迅速分解，荧光消失，但遇酸又可复原。很多氧化剂如次氯酸钠、过氧化氢等均可破坏毒素。

【症状】

（1）急性中毒　病猪一般于食入黄曲霉毒素污染的饲料1～2周发病，主要表现为精神抑郁，厌食，消瘦，后躯衰弱，走路蹒跚，黏膜苍白，体温不升高，呼吸急促，心音节律不齐，心力衰竭，粪便干燥或腹泻，有时粪便带血，偶有中枢神经系统症状，呆立墙角，以头抵墙。可在运动中突然死亡，或发病后两天内死亡。

（2）慢性中毒　表现为精神委顿，食欲不振，走路僵硬，被毛粗乱。出现异食癖者，喜吃稀食和青绿饲料，甚至啃食泥土、瓦砾，离群独立，拱背缩腹，粪便干燥。有时也表现兴奋不安，冲跳狂躁，体温正常，体重减轻，黏膜常见黄染而出现"黄膘病"。有的病猪鼻先发红，后变蓝。

临床血液学检验可见早期红细胞数明显减少，后期可减少到30%～45%，凝血时间延长，白细胞总数增多。肝功能检查，急性病例转氨酶和凝血酶原活性升高，慢性病例碱性磷酸酶、谷草转氨酶和异柠檬酸脱氢酶活性升高。

【病理变化】

（1）急性型　主要病变为贫血和出血。在胸腔、腹腔、胃幽门周围可见大量出血，浆膜表面有淤血斑点，肠内黏膜出血。皮下广泛出血，尤以大腿前和肩脚下区肌肉出血明显。肝脏有时在其邻近浆膜部分有针尖状或瘢痕样出血。脾脏有时表面毛细血管扩张或出血性梗塞。心外膜及心内膜亦有出血等。

（2）慢性型　全身黄疸，肝硬化，脂肪变性，有时在肝表面可看到黄色小结节，胆囊缩小，胸腔及腹腔内有大量橙黄色液体。肾脏苍白、肿胀，淋巴结充血且水肿，心内外膜出血，大肠黏膜及浆膜有出血斑，结肠浆膜有胶状浸润。显微镜下，可见肝、胆管上皮细胞明显增生（图5-11，图5-12）。

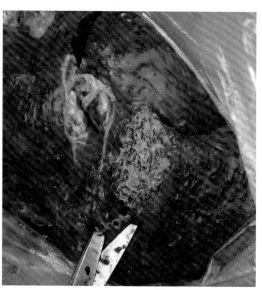

图5-11　黄疸、肝炎、肝硬化　　　　图5-12　黄疸、肝炎、肝硬化

【诊断】依据猪只采食了被黄曲霉毒素严重污染饲料的病史，临床上以黄疸、出血、水肿、消化障碍及神经症状，结合大体解剖变化及组织病检中胆管增生的特征，建立初步诊断。必要时，测定可疑饲料中黄曲霉毒素 B_1 含量。

【治疗】目前尚无特效解毒药物，发现猪只中毒时，应立即停喂可疑霉败饲料，增加日粮中高品质蛋白质和维生素补充添加剂（维生素A、维生素D、维生素E、维生素K和复合维生素）。一般轻症病例，不用任何药物治疗，可自然康复。重症病例，为加快胃肠毒素的排出应及时投服泻剂，如硫酸钠、人工盐、植物油等。同时，注意采用止血、保肝疗法，可耳静脉滴注25%～50%葡萄糖溶液、维生素E、葡醛内酯（肝泰乐）、维生素A、维生素C、葡萄糖酸钙等。心脏衰弱时，可皮下或肌内注射强心剂。由于黄曲霉毒素损害免疫系统，因此建议酌情使用抗菌药类药物，但禁用磺胺类药物。

（二）单端孢霉毒素中毒

【病因】单端孢霉毒素至少包括148种结构相似的化合物。已知重要的单端孢霉毒素是由镰孢霉，特别是禾谷镰孢霉和拟分枝镰孢霉产生的。这组倍半萜烯毒素具有环氧化物基团，大多数毒效应由该基团引起。人们关注最多的三种毒素是T-2毒素、蛇形毒素和脱氧雪腐镰孢霉烯醇。

单端孢霉毒素可引起对皮肤的直接刺激和坏死，淋巴系统严重损伤，胃肠炎、腹泻、休克、心血管衰竭和死亡。长期给予该毒素可抑制造血功能，最终导致各类血细胞减少。另外，它们是免疫抑制剂。

【症状】急性中毒通常在采食后1h左右发病，猪表现为拒食、呕吐，精神不振，步态蹒跚。接触污染饲料的唇、鼻周围皮肤发炎、坏死，口腔、食管、胃肠黏膜坏死。

慢性中毒主要表现为消化不良，生长发育停滞，形成僵猪，并伴有再生障碍性贫血。

【病理变化】主要表现为胃肠道、肝和肾的坏死性损害和出血。猪口腔、食管和胃肠黏膜呈卡他性炎症，有水肿、出血和坏死，尤以十二指肠和空肠处受损最为明显。心肌变性和出血，心内膜出血，肝和脾肿大、出血，子宫萎缩，脑实质出血、软化。骨髓及脾等造血功能减退。

病理组织学变化可见肝细胞坏死，心肌纤维变性，骨髓细胞萎缩，细胞核崩解。

【诊断】依据猪只有使用过可疑霉变饲料的病史，临床上以拒食和呕吐为特征，结合病理变化的特征可建立初步诊断。进一步确诊可进行生物测试和毒物含量分析。

生物测试的方法很多，主要是利用T-2毒素对皮肤和黏膜有强烈刺激的特性而设计。取10～20g可疑饲料，分成4～5个滤纸包，在脂肪提取器中抽提5h，留乙醚浓缩物备用。将浓缩物塞入鸽口中，给予少量水迫其咽下，把鸽子放回鸽笼，观察其反应。如含有T-2毒素，在服用后30～60min内出现呕吐。也可用猫做实验，猫的敏感性比鸽子约高一倍。

【治疗】本病无有效的治疗方法，发现可疑中毒时，应立即停喂发霉饲料，尽快内服泻剂，清除胃肠道内毒素。给予黏膜保护剂和吸附剂（如膨润土、沸石粉、蒙脱石等）。保护胃肠黏膜。给予动物富含营养且易消化的饲料。对症治疗可耳静脉注射葡萄糖溶液、乌洛托品注射液及强心剂等。对有出血性胃肠炎症状可用维生素K治疗。

（三）玉米赤霉烯酮中毒

【病因】玉米赤霉烯酮，又称F-2毒素，是禾谷镰刀菌、粉红镰刀菌、串珠镰刀菌、三线镰刀菌、木贼镰刀菌等产生的一种代谢产物。主要危害玉米、高粱和小麦等谷物。

猪吃了上述产毒霉菌污染的玉米、小麦、大麦、高粱、稻谷、豆类等就可发生中毒。

玉米赤霉烯酮是一种2,4-二羟基苯甲酸内酯类化合物，其结构与牛用合成代谢剂玉米赤霉醇相似。作为一种雌激素，玉米赤霉烯酮可竞争性地结合子宫、乳腺、肝和下丘脑的雌激素受体，并可引起子宫肥大和阴道上皮角质化。玉米赤霉烯酮对猪具有促黄体作用，如果给处于发情中期母猪饲喂含3～10mg/kg玉米赤霉烯酮的日粮，则可引发休情期。

【症状】

（1）急性中毒　主要表现为摄入玉米赤霉烯酮母猪所产仔猪八字腿，外生殖器和子宫肥大，似发情现象，阴户红肿，阴道黏膜充血，乳腺异常发育。导致初情期前的母猪与去势母猪外阴肿胀，分泌物增加。严重者，阴道和子宫外翻，甚至直肠和阴道脱垂，乳腺增大，哺乳母猪泌乳量减少或无乳（图5-13～图5-16）。

（2）**亚急性中毒**　表现为母猪性周期延长，受孕率降低，屡配不孕母猪增加，产仔数减少，流产、死胎。后备母猪外阴和乳头肿胀，会阴部、下腹和脐水肿性浸润，经常伴有乳头渗出性结痂炎症和坏死。

公猪接触玉米赤霉烯酮后包皮增大，青年公猪性欲降低，睾丸变小，但成熟公猪不受200mg/kg高浓度玉米赤霉烯酮的影响。

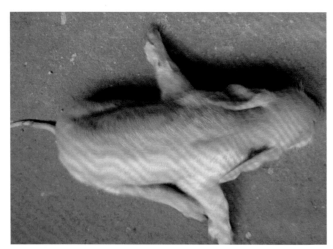

图5-13　八字腿

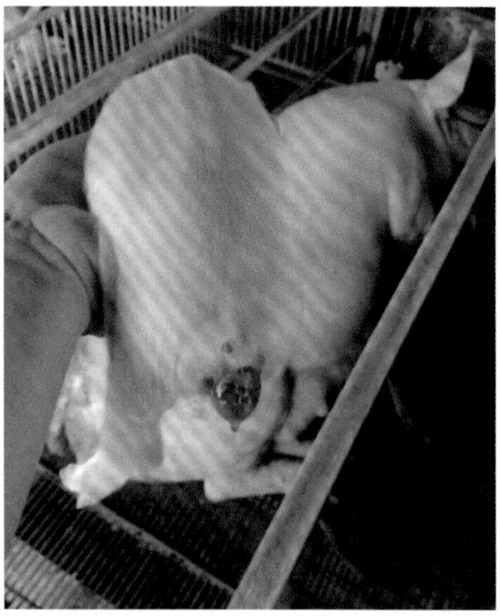

图5-14　仔猪阴户红肿

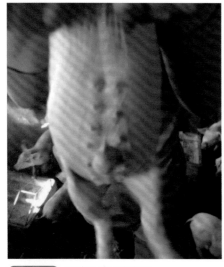

图5-15　仔猪乳腺异常发育

图5-16　直肠脱垂

【**病理变化**】主要病理变化发生在生殖器官。母猪阴户肿大，阴道黏膜充血、肿胀，严重时阴道外翻，阴道黏膜常因感染而发生坏死。卵巢增大，卵巢中出现成熟卵泡，子宫内膜增生和阴道上皮增生。子宫肥大、水肿，子宫颈上皮细胞呈多层鳞状，子宫角增大、变粗变长。病程较长者，可见卵巢萎缩。乳头肿大，乳腺间质水肿。公猪乳腺增大，睾丸萎缩。

【**诊断**】依据有饲喂过霉变饲料的病史，雌激素综合征和雌性化综合征等临床症状，结合解剖病理变化可建立初步诊断。进一步确诊可进行生物测试和毒物含量分析。确诊需要进行毒素含量测定及生物学测试，目前在临床条件下不容易做到。

【治疗】目前尚无有效治疗方法，发现中毒时应立即停喂可疑霉变饲料，更换优质配合料。一般在停喂发霉饲料3～7天后，临床症状即可消失，多不需要药物治疗。对子宫、阴道严重脱垂者，可使用1/5000的高锰酸钾溶液清洗，以防止感染或施行手术治疗。对于正处于休情期的未孕母猪，一次给予10mg剂量的前列腺素F2α或者连续给两天（每天5mg）有助于清除滞留黄体。

（四）烟曲霉毒素中毒

【病因】念珠镰孢霉和增生镰孢霉普遍存在于世界各地的玉米中，烟曲霉菌主要存在于垫料及青贮饲料中，这些霉菌是烟曲霉毒素的来源，在适度干旱后持续降雨或高湿气候的应激是产毒素的必要条件。猪采食被烟曲霉毒素污染的玉米筛出物或劣质玉米可引起烟曲霉毒素中毒（图5-17，图5-18）。

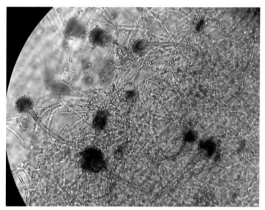

图5-17 烟曲霉菌菌丝与孢子

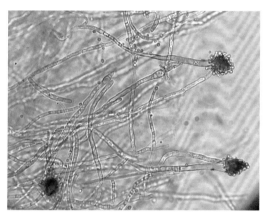

图5-18 烟曲霉菌菌丝与孢子

烟曲霉毒素是已知的肿瘤启动剂，长期给猪饲喂被烟曲霉毒素污染的玉米可诱发食道增生和癌前期肝结节。烟曲霉毒素诱发的肺水肿是由左心衰竭引起的。连续4～10天饲喂高于120mg/kg烟曲霉毒素的日粮引起猪急性肺水肿，在7～10天存活的猪可发生亚急性肝中毒。高于50mg/kg烟曲霉毒素的日粮在7～10天可引起肝功能障碍。含量为23mg/kg的日粮可引起轻度肝显微损伤。人工饲喂含5mg/kg烟曲霉毒素的日粮可改变血清二氢鞘氨醇/鞘氨醇的比率。

【症状】日粮中烟曲霉毒素的浓度高于120mg/kg时，猪的最初症状为嗜睡、不安、精神沉郁和皮肤充血，迅速发展为轻度流涎、呼吸困难、张口呼吸、后躯虚弱、斜卧，听诊肺部有湿啰音，继而全身发绀、衰弱和死亡，连续饲喂4～7天后，开始出现初期症状，上述症状一旦出现后，病猪通常在2～4h迅速死亡，发病率高达50%，死亡率达50%～90%。

饲喂75～100mg/kg浓度的烟曲霉毒素1～3周可引起黄疸、厌食、健康状况不良和体重减轻，母猪急性症状出现后的1～4天常发生流产，流产可能是由于母猪严重肺水肿导致胎儿缺氧而造成的。

实验室检验，血清化学分析显示 γ-谷氨酰转移酶（GGT）、天冬氨酸转氨酶（AST）、碱性磷酸酯酶（ALP）、乳酸脱氢酶（LDH）、胆固醇和胆红素的浓度升高。早期血清酶和胆固醇增加，继而 γ-谷氨酰转移酶和血清胆红素增加。

【病理变化】本病剖检特征性病变是肺水肿和胸腔积水，后者由200～350mL的清晰、无细胞、浅黄色渗出液形成。肺水肿、肺间质增宽。细支气管、支气管和气管相对清晰，肺泡轻微水肿（图5-19，图5-20）。

图5-19 肺间质增宽、肺水肿

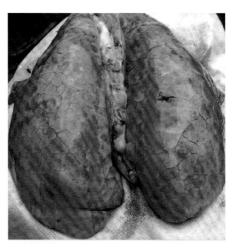

图5-20 肺间质增宽

【诊断】依据病猪曾有饲喂被烟曲霉毒素严重污染的玉米筛出物或劣质玉米饲料的病史；临床上以采食量下降、体重增加缓慢、呼吸困难、黏膜发绀、黄疸、出现症状后2～4h迅速死亡、母猪流产；剖检以间质性肺炎和胸腔积水，肝细胞纤维变性、坏死、褐色结节增生；结合早期血清酶和胆固醇增加、继而 γ-谷氨酰转移酶和血清胆红素增加等可建立诊断。必要时，测定可疑饲料中烟曲霉毒素含量。

【治疗】对于烟曲霉毒素本身没有特效解毒药。发现猪只中毒时，应立即停喂可疑霉败的玉米筛出物或劣质玉米饲料，给予病猪易消化、富含糖类的青绿饲料。由于饲喂烟曲霉毒素后数天或数周才出现临床症状，口服解毒药通常疗效不佳，采取适当的支持疗法可以减轻烟曲霉毒素中毒引起的肝损伤。一般轻症病例，不用任何药物治疗，可自然康复。重症病例，为加快胃肠毒素的排出应及时投服缓泻剂如人工盐、植物油等，同时注意采用保肝疗法，可耳静脉滴注25%～50%葡萄糖溶液、葡醛内酯（肝泰乐）、维生素A、维生素C等。心脏衰弱时，可皮下或肌内注射强心剂。

（五）赭曲霉毒素中毒

【病因】赭曲霉毒素是由赭曲霉和鲜绿青霉产生的，适宜的基质是玉米、大麦、黑麦和小麦。在4℃的低温下赭曲霉即可显著产生具毒害作用浓度的赭曲霉毒素。赭曲霉毒素具有很强的肝毒性和肾毒性，并有致畸、致突变和致癌作用。

【症状】由于动物品种、年龄不同，临床表现不一样，毒素剂量小的，多先侵害肾，表现为尿和消化功能紊乱，当毒素剂量大到一定程度才使肝受损害，呈现肝功能异常。

常呈地方流行性，主要呈现肾功能紊乱。临床上表现消化机能紊乱，生长发育停滞，脱水，多尿，蛋白尿甚至尿中带血。妊娠母猪流产。

临床病理学变化包括血尿素氮、血浆蛋白、血细胞压积、天冬氨酸转氨酶和异柠檬酸脱氢酶增加，以及尿液中的葡萄糖和蛋白质含量上升。

【病理变化】主要引起以近曲小管坏死为特征的肾病，进而发展为间质性纤维化。表现为肾苍白、坚硬。中毒严重时可出现以脂肪变性和坏死为特征的肝损伤，在慢性临床病例中，胃溃疡是一种常见的特征性损伤。

【诊断】根据动物饲喂霉变饲料的病史，呈地方流行性，结合剖检变化有典型的肾病变（如色白且硬，组织学检查主要是肾小管变化明显）可作出初步诊断。确诊需对可疑饲料及病死猪肾和血液作毒素测定。

【防治】

（1）治疗　无特效治疗方法。

提高肝脏解毒能力，补充维生素E，微量元素硒及添加蛋氨酸有一定的作用。

如果迅速更换被污染的饲料，轻微中毒的动物可以康复。然而，如果临床病程拖延，则动物不易康复。

（2）预防　预防霉菌毒素中毒，重要的是做好饲料原料的管理，包括收获、贮藏和加工各环节。饲料库应该经过消毒处理并保持干燥，如果贮藏条件很差或谷物湿度太高，建议使用霉菌抑制剂以抑制霉菌生长。尤其是饲料加工过程中，添加霉菌抑制剂是很有必要的。在怀疑饲料被霉菌毒素污染的情况下，建议在日粮中增加吸附剂，以阻止毒素的吸收。霉菌抑制剂不能破坏饲料中已经产生的毒素。生产中还没有一种实用的方法能够有效地破坏已产生的霉菌毒素。

单元六　渗出性皮炎

渗出性皮炎（Exudative Epidermitis，EE）又称仔猪油皮病，其典型病例表现为哺乳仔猪和刚断奶仔猪的一种急性和超急性感染，病猪表现全身性皮炎，并可导致脱水和死亡。该病呈散发性，但可能对个别猪群影响很大，特别是新建或重新扩充的群体。

【病原】猪葡萄球菌，为革兰阳性球菌（图5-21），无鞭毛，不形成芽孢和荚膜，常呈葡萄串状排列，在脓汁或液体培养基中呈双球或短链状排列。为需氧或兼性厌氧菌，在普通培养基上生长良好，在绵羊血琼脂上培养24h形成3～4mm瓷白色、不溶血的菌落。凝血酶阴性，耐热DNA酶、酯酶及透明质

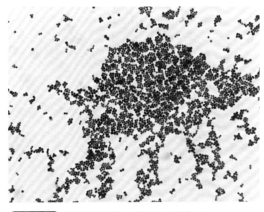

图5-21　猪葡萄球菌（革兰染色镜检）

酸酶阳性，甘露醇和羟基丁酮阴性。猪葡萄球菌可以分为有毒力型和无毒力型两种菌株，这两种类型可同时存在于猪的皮肤上。毒力型菌株产生的表皮脱落毒素是重要的致病因子。

猪葡萄球菌对外界环境的抵抗力较强。在尘埃、干燥的脓血中能存活几个月，80℃加热30min才能杀死。对龙胆紫、青霉素、庆大霉素、红霉素敏感，但易产生耐药菌株。

【流行病学】

（1）易感性　主要发生于哺乳仔猪和断奶后不久的仔猪。

（2）传染源　病猪和带菌动物是主要传染源。猪葡萄球菌通常存在于猪舍地面、空气或健康猪的皮肤、鼻黏膜、眼结膜及母猪的阴道中。

（3）传播途径　本病主要通过皮肤损伤感染。仔猪间的相互啃咬、断尾、断脐、打耳号、产床粗糙不平会引起皮肤损伤；母猪疥螨严重时把疥螨传播给仔猪引起皮肤损伤；密闭舍饲养条件下，猪舍光照不足，皮肤抵抗力差等因素都会促进本病的发生。

（4）流行特点　本病多散发，也可呈流行性，这主要取决于母猪是否有免疫力。通常在无免疫力的猪群引入带菌动物后发生，并常常连续感染几窝由没有免疫力的母猪所生的仔猪。将没有免疫力的母猪引入被感染的猪舍，其所生仔猪很容易受到感染而发病。仔猪病死率达70%。

【临床症状】哺乳仔猪渗出性皮炎最早可见于产后7日龄的仔猪，而15～20日龄发病率最高。开始时皮肤渗出物增多，肤色呈红色或铜色。在腋下和肋部出现薄的、棕色片状渗出物（图5-22，图5-23），经3～5天扩展到全身各处，其颜色很快变暗并富含脂质。触摸病猪皮肤温度增高，被毛粗乱，渗出物直连到眼睫毛上，并可出现口腔溃疡，蹄球部角质脱落。病猪食欲不振和脱水，发病严重的仔猪体重迅速减轻，并在24小时内死亡；通常在3～10天内死亡。病猪不表现瘙痒，发热也不常见。同窝仔猪发病的严重程度不同。耐过猪生长变慢。

【病理变化】早期病变包括皮肤变红和出现清亮的渗出物，轻刮腹部的皮肤即可剥离。早期病变常出现于口、眼、耳周围及腹部，较晚的病例由于泥土和粪便粘在感染皮肤上而致病猪覆盖一层厚的、棕色、油腻并有臭味的痂皮，在恢复期，皮肤变干并结痂。死亡猪尸体脱水并消瘦。外周淋巴结通常水肿或肿大。在肾的髓质切面中可见尿酸盐结晶，在肾盂中常有黏液或结晶物质聚积，并可能出现肾炎。

图5-22　体表棕色渗出物

图5-23　体表棕色渗出物

【诊断】 通常依据临床症状即可作出诊断。病猪不发热，无瘙痒，病变全身化，以及同一窝仔猪外观表现的严重程度不同，这些都是该病的特征。

实验室检查方法包括涂片镜检、细菌的分离培养和鉴定以及动物接种试验等。

【防治】

（1）治疗 早期治疗效果较好，严重感染时治疗效果不佳。应用抗菌药物配合皮质激素注射治疗效果好。青霉素、林可霉素、恩诺沙星对猪葡萄球菌有良好的抑制作用。体表治疗可用45℃的0.1%高锰酸钾溶液、氯己定、百毒杀等消毒药液浸泡，或用碘伏喷涂以清除体表感染；脱水病猪，可口服电解质进行补液。

（2）预防 用分离于发病猪场的菌株制成自家菌苗对产前4周和2周的母猪进行注射，对新生仔猪有保护作用。

在管理上，应从加强环境卫生、控制母猪疥螨感染、减少仔猪创伤感染三方面入手。及时治疗母猪和仔猪的局部损伤，有助于预防本病。

【附：其他细菌感染引起的皮肤病】

身体任何部位的创伤一经感染，都会发展为蜂窝织炎、坏死、化脓、溃疡。β溶血性链球菌、金黄色葡萄球菌、坏死杆菌、螺旋体等环境性病原都会参与到感染进程中（图5-24～图5-26）。

给猪肌内注射时所采用的针头要足够长，注射到脂肪里面是很难吸收的，还会引发局部脓肿（图5-27～图5-29）。

图5-24 链球菌引起的脓疱性（黄色脓疱）皮炎

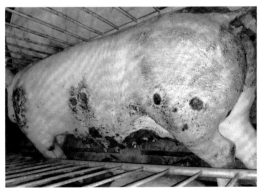

图5-25 溃疡性皮炎（螺旋体等多种细菌感染）

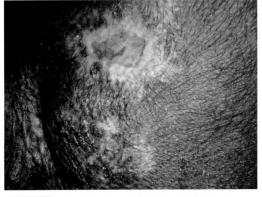

图5-26 溃疡性皮炎（螺旋体等多种细菌感染）

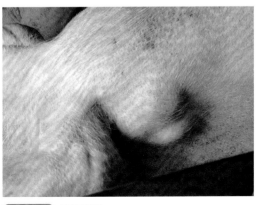

图5-27 皮下脓肿

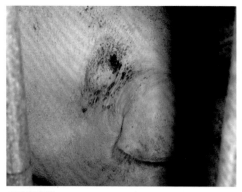

图5-28 皮下脓肿

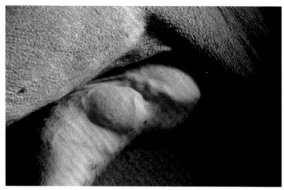

图5-29 皮下转移性脓肿

单元七　疥螨病

疥螨病是由疥螨科和痒螨科的螨类寄生于猪的体表或表皮内所引起的慢性皮肤病，又称为"癞病"。主要特征为剧痒、脱毛、皮肤发生红点、脓疱、结痂、龟裂，患部逐渐向周围扩展和具有高度传染性等。该病分布广，是猪最常见的一种体表寄生虫病。

【**病原**】疥螨体型较小，灰白色。虫体呈圆形，长约0.5mm。成虫有4对短粗的腿，其中有些长有不分节的柄，柄的末端有吸盘样结构。雌虫前2对腿末端有具柄吸盘，而雄虫第1、2、4对腿末端为具柄吸盘（图5-30）。

【**流行特点**】疥螨属于不完全变态，其发育过程有卵、幼虫、若虫和成虫四个阶段。疥螨一生都寄生在猪体上，并能世代相继生活在同一宿主体上。雌虫在猪表皮上2/3处的隧道内交配后产卵，1个月后雌虫死亡。3～5天后虫卵孵化，幼虫又进一步蜕化为若虫并发育为成虫。从卵到孕卵雌虫全部生活周期需10～25天。

经产母猪过度角化的耳部是猪场内螨虫的主要传染源，种公猪也是一个重要的传染源。大多数猪群疥螨主要集中于猪耳部，仔猪哺乳时受到感染。公猪、母猪和仔猪间的传播主要通过直接接触感染。所以，猪群密度大，猪只密切接触，在很大程度上促进了螨虫的蔓延。

阳光直射几分钟螨虫即可死亡。

【**临床症状**】疥螨病的最常见症状是瘙痒。猪疥螨感染通常起始于头部、眼下窝、面颊及耳部，以后蔓延到背部、躯干两侧及后肢内侧，尤以仔猪的发病最为严重。患猪局部发痒，常就墙角、饲槽、柱栏等处摩擦。可见皮肤增厚、粗糙和干枯，表面覆盖痂皮，并形成皱褶。极少数病情严重者，皮肤的角化程度增强，有皱纹或龟裂，龟裂处有血水流出（图5-31～图5-35）。病猪逐渐消瘦，生长缓慢，成为僵猪。

【**防治**】

（1）治疗

① 内服或注射药物　伊维菌素或阿维菌素类药物，有效成分剂量为0.2～0.3mg/kg体重，严重病猪间隔7天重复用药一次。

图5-30　疥螨成虫

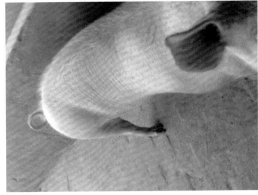

图5-31　因皮肤瘙痒致多部位摩擦痕

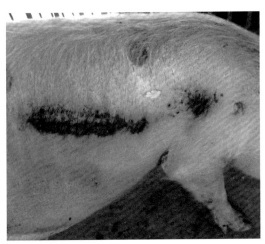

图5-32　瘙痒摩擦导致皮肤破溃

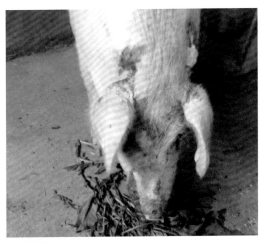

图5-33　瘙痒摩擦导致耳根处破溃

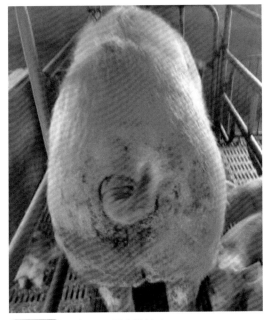

图5-34　尾根及肛周皮肤结痂

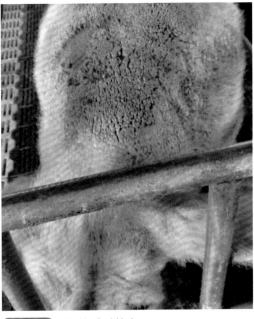

图5-35　肩颈部皮肤结痂

② 喷洒或涂抹药物 可用伊维菌素或阿维菌素类药物浇泼进行防治；或用溴氰菊酯、敌百虫水溶液、双甲脒体表涂擦或喷淋（药液现用现配，孕猪禁用，以防流产），间隔1周后再重复一次。

（2）预防 制定驱虫计划。规模化养猪场，对种猪用伊维菌素全年四次驱虫，每次连用七天或间隔七天两次用药（剂量不同）。对商品猪，仔猪转群后用药一次，后备猪于配种前用药一次，新引进的猪用药后再和其他猪并群。保持猪舍清洁干燥，通风良好；引进种猪要进行严格检查，疑似病猪应及早确诊并隔离治疗；被污染的圈舍及用具用杀螨剂处理。杀螨剂只对虫体有杀灭作用，对虫卵没有杀灭作用。墙壁、地面、栏杆用石灰乳加火碱喷洒对虫卵有杀灭作用。

【附：毛囊蠕形螨病】

毛囊蠕形螨病在猪群内相对少见。病原为寄生于毛囊和皮肤皮脂腺的猪蠕形螨。

蠕形螨常侵害鼻和眼周围的松软皮肤，但能扩散至全身。病变最初是小红点，后变成有鳞屑的结节。这些结节内含有白色干酪样物质和许多螨虫，无临床表现的猪眼睛周围的皮肤刮取物中也可能查到螨，治疗一般无效，严重感染的动物应予以淘汰。

单元八 日光性皮炎

日光性皮炎也称晒斑，是由紫外线直接照射皮肤引起的，常见于开放饲养而日照防护不够的白猪。哺乳仔猪和青年猪患病较重，从未接触阳光的猪群患病较重（如密闭舍内饲养的仔猪突然转到开放式猪舍饲养）。近年来随着大棚养猪的兴起，本病的发生逐渐增多，多于春季猪舍去掉塑料薄膜后1～3天内发病。

【临床症状】青年猪和从未接触阳光的猪群患病较严重。初期皮肤灼伤或充血发红，数小时内即出现红斑并不断增大，以背部、耳后多见。皮肤起水疱，患处发热，触摸疼痛（图5-36～图5-39）。病情较重的猪步态缓慢，偶尔可见肌肉突然颤搐，骤然跳跃；体温39.5～40℃；仔猪吃奶正常，食欲无多大变化。

个别猪由于皮肤炎症继发细菌感染（特别是葡萄球菌）而发生渗出性皮炎，皮肤变得潮湿、油腻，皮肤表面的渗出物变厚、结痂，最后脱皮。青年猪可见尾、耳坏死和脱落。

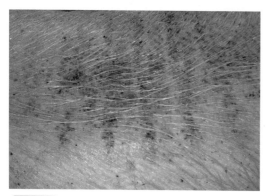

图5-36 皮肤灼伤发红

图5-37 皮肤充血发红

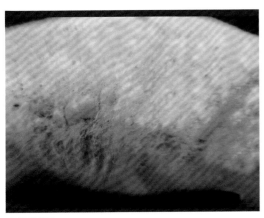

图5-38 皮肤起水疱

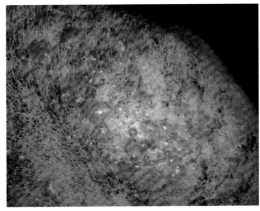

图5-39 皮肤充血并起水疱

【防治】

（1）春末、夏初敞开塑料大棚时以及从密闭舍转入开放舍时宜提供足够的遮阴设施，最好加盖黑色防晒网，以减轻紫外线照射。

（2）发生后，加强体表消毒，以防感染。

（3）内服扑尔敏和土霉素。

（4）严重病例可以口服抗炎药，如安乃近或强的松。

【附：其他环境性皮肤病】

（1）**皮肤坏死**　仔猪的皮肤坏死最常发生于膝盖、球节、后踝、肘部、乳头、蹄冠和足底。先天性八字腿的仔猪常见后踝、外阴和尾部坏死。母猪的皮肤坏死则常见于肩部、臀部、颌的一侧。尤其是体质衰弱或老龄母猪，长期躺在坚硬地面（水泥和金属丝网）压迫皮肤，导致皮肤坏死（图5-40～图5-42）。

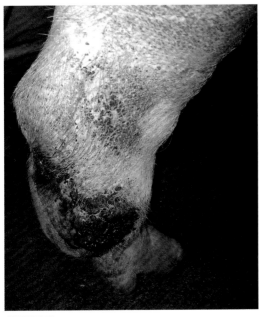

图5-40 皮肤坏死（外伤引起的）

图5-41 皮肤坏死（地面问题引起的）

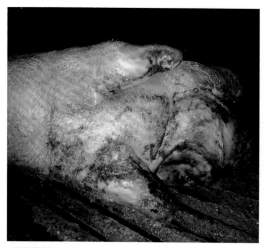

图5-42 关节部位皮肤坏死

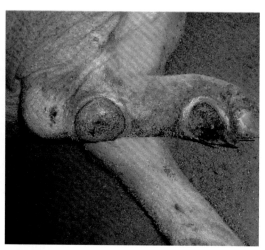

图5-43 关节处和骨突处皮肤纤维性增生肥厚

局部应用抗生素处理有一定治疗意义。防治措施应着眼于保持水泥地面平整、干洁，更换锈蚀的铁网，产床应铺置垫革或橡胶垫。新圈舍的地面撒上捣碎的饲料有助于防治青年育肥猪出现皮肤坏死，选种时要淘汰腿外翻的种猪。

（2）硬皮病　关节处和骨突处皮肤纤维性增生肥厚导致硬皮病（图5-43）。硬皮主要见于球节、后踝和坐骨结节。这些部位变大变硬，充满液体。一旦感染则引起皮下脓肿。腿无力，蹄病变，肌无力或长期病卧的猪易发生硬皮病和滑液囊炎。

单元九　玫瑰糠疹

猪的玫瑰糠疹是发生于青年猪的外观呈环状疱疹的脓疱性皮炎，病变主要见于腹部和股内侧。本病有自限性，但猪的玫瑰糠疹在临床上和病理学上不同于人的玫瑰糠疹，称之为银屑样脓疱性皮炎更合适。

【病因】真正的病因目前还不清楚，但该病具有遗传性，患有本病的猪所产仔猪更易感染。长白猪发病率较高。曾试图人为传播本病或查证其传染性病原，但均未成功。剖腹取胎隔离饲养的仔猪也能患本病。

【临床症状】玫瑰糠疹见于3～14周龄的青年猪。全窝或一窝中少数仔猪感染。病变最初为腹部、股内侧皮肤出现小的红斑丘疹。丘疹隆起但中央低，呈火山口状，迅速扩展成环状，外周呈鲜红色并隆起。环内为鳞屑。随着环状病灶的扩大，病灶中央恢复正常。多个环状病灶相互嵌合形成"马赛克"状。通常不脱毛，少见瘙痒。本病一般持续4周，然后自行缓慢减退，创面愈合后皮肤恢复正常（图5-44～图5-47）。

如果断奶栏内饲养密度高，伴有高温、高湿，猪病情加重。创面可能会被猪葡萄球菌等细菌感染，病变类似于渗出性皮炎。

【诊断】本病应与疥螨病、增生性皮炎、猪痘鉴别诊断。分离不到真菌或微生物有助于确诊。

图5-44　玫瑰糠疹

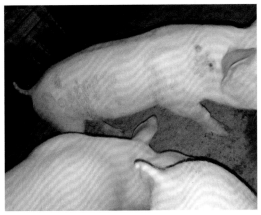
图5-45　玫瑰糠疹

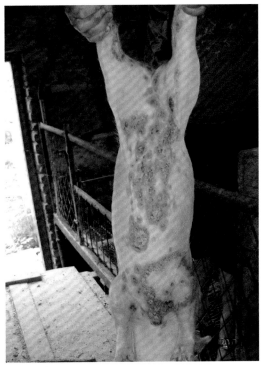
图5-46　玫瑰糠疹

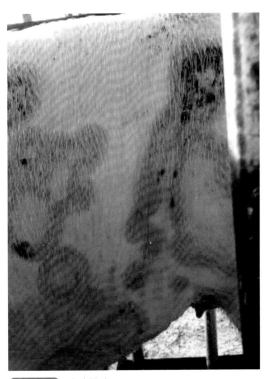
图5-47　玫瑰糠疹

皮肤活组织检查结果为银屑样表皮增生，表层血管周皮炎，浅层真皮发生轻微或中度的黏蛋白样变性，炎症细胞主要是嗜酸性细胞和中性粒细胞。以表皮角化过度伴灶性角化不全为主。

【防治】治疗不能改变病程。良好的卫生条件可减少继发感染，存栏密度高，高温高湿会使发病率升高。最好能从种群中淘汰所产仔猪患有本病的种猪。

【附：上皮增殖不全】

上皮增殖不全是见于白猪和有色猪的一种遗传性先天性疾病，由单个常染色体隐性性状导致胚胎外胚层原发性分化不全引起。病变处鳞状上皮间断不连续，各小区大小形

图5-48 左前肢皮肤缺失

状不规则，界限明显，常见于背部、腰部和四肢（图5-48～图5-50）。本病可见于个别仔猪，也可能见于整窝仔猪。上皮增殖不全还可能波及舌的背侧和前腹侧黏膜，同时发生输尿管积水和肾盂积水。病变部位容易因其他仔猪的踩踏而恶化成大面积溃疡、感染，创面无法愈合或导致败血症，动物最后死亡。

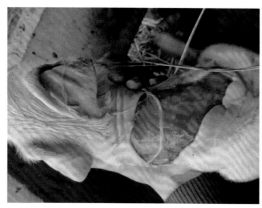

图5-49 背部皮肤缺失

图5-50 臀部皮肤缺失逐渐愈合

单元十　疝

　　腹腔内脏器官从天然孔或病理性破裂孔脱至皮下或其他解剖腔内称为疝，或称赫尔尼亚，是一种常见的疾病。

　　疝由疝孔、疝囊、疝内容物等组成。疝孔又称疝轮、疝环，是疝内容物及腹膜脱出时经由的孔道，可能是异常扩大的天然孔，也可能是由腹壁肌肉缺损造成的病理性孔道。疝囊是包裹疝内容物的外囊，通常由腹膜、腹壁筋膜构成。疝内容物是通过疝孔脱到疝囊内的脏器及液体，脏器多为肠管和网膜，有时是子宫、膀胱等。

　　根据疝是否向体表突出分为外疝和内疝；根据疝的解剖部位可分为腹壁疝、阴囊疝、脐疝、膈疝、会阴疝等；根据病因可分为先天性疝和后天性疝，先天性疝多因解剖孔先天性过大引起，后天性疝多因外伤和腹压过大而引起；按疝内容物能否通过疝孔还纳于腹腔分为可复性疝和不可复性疝。猪的脐疝和腹股沟阴囊疝有遗传性。

【病因】

（1）先天性缺陷　如脐孔、腹股沟管开口过大、闭锁不全、腱膜或筋膜发育不全等。

（2）外伤　如打斗、爬跨或其他钝性暴力打击造成腹壁纤维损伤，以及腹壁手术后发生的肌肉纤维断裂形成的局部损伤。

（3）腹压过大　如分娩、跳跃、阉割等腹内压剧增的情况下，迫使天然孔扩大或受伤组织破裂，使腹腔内脏器脱出，但皮肤保持完整，形成疝。

【症状】

（1）可复性疝　肿胀大小不定，可随腹压增大而增大，也可在按压时将内容物还纳回腹腔，并摸到疝轮。肿胀触诊柔软且无热无痛。若为损伤导致的，在病初因局部渗出等导致的肿胀，触诊敏感且常摸不清疝轮，当炎症消退后上述症状才明显。若疝内容物为肠管，在局部听诊可听到近耳的肠音。全身症状轻微（图5-51～图5-54）。

（2）不可复性疝　疝轮因弹性回缩，疝内容物因炎症粘连，或因脱出的肠管内充满过多内容物，可使疝内容物不可复。触诊肿胀物坚实或有弹性，不能将内容物还纳回腹腔，常摸不清疝轮。若肠管脱出过多时，由于肠系膜被疝轮卡住，静脉回流受阻，局部淤血肿胀，渗出物增加，出现嵌闭性疝。可出现肠道不通，肠管臌气，排粪困难以致便秘，伴有停食、呕吐、体温升高和腹痛等症状。当嵌闭的肠管发生坏疽、穿孔时，病猪呈现休克，全身症状加重甚至死亡。

外伤引起的疝，发生于受伤后或腹压增大时局部突然出现一个局限性肿胀，周围界限明显。

图5-51　脐疝

图5-52　脐疝

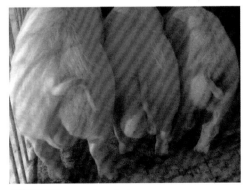
图5-53　腹股沟阴囊疝

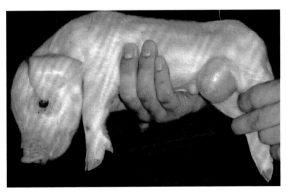
图5-54　小母猪腹股沟疝

【诊断】

根据临床检查情况可作出初步诊断，注意与血肿、脓肿、淋巴外渗、蜂窝织炎、精索静脉肿、阴囊水肿、睾丸血肿、肿瘤等区别，必要时可通过穿刺确诊。

【治疗】

（1）保守疗法　适用于疝轮较小、腹压不大、可复性的幼龄猪的脐疝或刚发生的外伤性腹壁疝。可先还纳疝内容物，摸清疝轮，用95%酒精或10%氯化钠溶液等，在疝轮四周分点注射，以促使局部炎性增生而闭合疝口。注完后装着压迫绷带，作体外固定，并应经常检查，以免松弛移位。

（2）手术疗法　此法比较可靠。术前禁食，使腹压变小。将猪仰卧或倒提保定，手术区域清洁和消毒，即可准备进行手术。手术一般包括切开疝囊，还纳疝内容物，缝合疝轮三个步骤。

① 切开疝囊、还纳疝内容物　于疝囊底部做切口，皱襞切开疝囊皮肤，仔细切开疝囊壁。认真检查疝内容物有无粘连、变性和坏死。若有粘连，要仔细进行剥离，若有坏死，需行切除术。若无粘连和坏死，可将疝内容物直接还纳回腹腔内。

② 缝合疝轮　若疝孔较小，可先做疝轮的纽孔或双纽孔缝合，使疝轮的边缘外翻，然后剪除疝轮边缘，使之形成新鲜创面以利愈合，对松弛多余的皮肤进行修整后，再做结节缝合。若疝孔较大，不能将两侧疝轮对合在一起的，可做疝轮的修补术。可将疝囊皮下的纤维组织与皮肤剥离，将一侧的纤维组织瓣用纽孔缝合法缝合在对侧的疝轮组织上，再将另一侧的组织瓣用纽孔缝合法覆盖在上面。

对可复性疝尽可能不打开疝囊，将突出的疝囊连同疝内容物一并还纳于腹腔，然后再以同样方法闭合疝孔和皮肤。这样可减少对内脏器官的伤害，缺点是有可能与下方组织发生粘连。

修整皮肤创缘，若皮下分离的空腔较大，应先对皮下疏松结缔组织作螺旋缝合，皮肤作结节缝合。

术后应保持术部清洁、干燥，防止摔跌；为减轻腹压，术后应防止过食；限制剧烈活动。

猪的阴囊疝可采用被睾去势法。

附 录

❧❧❧ 附录一　猪病鉴别诊断表 ❧❧❧

一、腹泻相关疾病鉴别诊断

病名	病原	流行特点	临床症状	病理变化	实验室诊断	防治
仔猪红痢	魏氏梭菌	3日龄内多见，由母猪乳头感染，消化道传播，病死率高	血痢，带有米黄色或灰白色坏死组织碎片，消瘦、脱水，药物治疗无效，约一周死亡	小肠严重出血坏死，内容物红色、有气泡	分离细菌	抗菌药疫苗免疫
仔猪黄痢	大肠杆菌	3日龄以内仔猪常发，发病率和病死率均较高	发病突然，拉黄色、黄白色水样粪便，带乳片、气泡，腥臭，不食，脱水，消瘦，昏迷而死	脱水，皮下及黏浆膜水肿；小肠有多量黄色液体和气体，淋巴结有出血点，肠壁变薄，胃底出血溃疡	分离细菌	抗菌药母猪免疫
仔猪白痢	大肠杆菌	10～30日龄多见地方流行，病死率低，与环境特别是温度有关	排白色糊状稀粪，腥臭，可反复发作，发育迟滞，易继发其它病	小肠卡他性炎症，结肠充满糊状内容物	分离细菌	抗菌药母猪免疫
球虫病	等孢球虫	5日龄以内的仔猪不发病，常见于6～15日龄，尤其是7日龄。发病率不一，最高可达75%。8月和9月为高峰期	体瘦，被毛粗，断奶时体重较轻。粪便呈水样或糊状，黄灰色，恶臭，pH7.0～8.0	空肠和回肠的急性炎症，黏膜上覆盖黄色纤维素坏死性假膜，肠上皮细胞坏死并脱落；小肠有出血性炎症，淋巴滤泡肿大突出，有白色和灰色的小病灶，常出现直径4～15mm的溃疡灶，其表面覆有凝乳样薄膜。肠内容物呈褐色，带恶臭，有纤维素性薄膜和黏膜碎片。肠系膜淋巴结肿大	粪便检查卵囊	百球清
类圆线虫病	类圆线虫	主要危害哺乳仔猪，2～3月龄后逐渐减少	腹痛腹泻，粪便带血或黏液，肠内容物恶臭。皮肤可见湿疹样病变	小肠黏膜充血，间或有出血，有时见有深陷的溃疡	小肠内容物镜检可见到虫体或虫卵	左旋咪唑伊维菌素关注母猪驱虫
传染性胃肠炎（TGE）	冠状病毒	各种年龄猪均可发病，10日龄内仔猪发病死亡率高，大猪很少死亡。常见于寒冷季节。传播迅速，发病率高	突发，先吐后泻，稀粪黄浊、污绿或灰白色，带有凝乳块，脱水，消瘦，大猪多于一周左右康复	脱水消瘦，肠绒毛萎缩，肠壁很薄，肠腔扩张、积液	抗原检测	对症治疗疫苗免疫返饲

续表

病名	病原	流行特点	临床症状	病理变化	实验室诊断	防治
流行性腹泻	冠状病毒	与TGE相似，但病死率低，传播速度较慢	与TGE相似，亦有呕吐、腹泻、脱水症状，主要是水泻	与TGE相似	抗原检测	对症治疗疫苗免疫返饲
轮状病毒病	轮状病毒	仔猪多发，寒冷季节，发病率高，死亡率低	与TGE相似，但较轻缓。多为黄白色或灰暗色水样稀粪	与传染性胃肠炎相似，但较轻	抗原检测	对症治疗，疫苗免疫
伪狂犬病	伪狂犬病毒	仔猪多发，发病率高死亡率高	呕吐、腹泻、神经症状	坏死性咽喉炎和肝脾肾等内脏器官坏死灶	抗原检测	疫苗免疫
蓝耳病	蓝耳病病毒	仔猪多发，发病率高死亡率高	腹泻、呼吸道症状	肺褐色实变	抗原检测	疫苗免疫
猪瘟	猪瘟病毒	不分品种、年龄、性别，无季节性，病死率高，流行广、流行期长，易继发或混合感染	体温40～41℃，先便秘，粪便呈算盘珠样，带血和黏液，后腹泻，后腿交叉步，后躯摇摆，颈部、腹下、四肢内侧发绀，皮肤出血公猪包皮积尿，眼有黏脓性眼眵，个别有神经症状	皮肤、黏膜、浆膜广泛出血，雀斑肾，脾梗死，回肠、盲肠纽扣状肿，淋巴结出血；孕猪流产，产死胎、木乃伊胎等	分离病毒，测定抗体，接种家兔	疫苗免疫
结肠小袋纤毛虫病	结肠小袋纤毛虫	断奶后多发	水样腹泻	盲肠、结肠炎症	粪便镜检	地美硝唑
毛滴虫病	毛滴虫	保育期多发	顽固性水样下痢，偶见带血	小肠、盲肠、结肠炎症	粪便镜检	地美硝唑
结节虫病	食道口线虫	保育期和育肥期多发	顽固性下痢，消瘦贫血，抗菌药无效	肠壁大量结节	粪检虫卵剖检	产后一个月驱虫
鞭虫病	毛首线虫	保育期和育肥期多发	顽固性下痢，粪便带血和黏膜脱落，抗菌药无效	剖检发现大量虫体	粪检虫卵剖检	驱虫药
副伤寒	沙门菌	1～4月龄多发，地方流行性，与饲养、环境、气候等有关，流行期长，发病率高	体温41℃以上，腹痛腹泻，耳根、胸前、腹下发绀，慢性者皮肤有痂状湿疹	败血症，肝坏死性结节，脾肿大；大肠糠麸样坏死	分离细菌涂片镜检	抗菌药疫苗免疫
猪痢疾	螺旋体	2～4月龄多发，传播慢，流行期长，发病率高，病死率低	体温正常，病初可略高，粪便混有多量黏液及血液，常呈胶冻状	大肠出血性、纤维素性、坏死性肠炎	镜检细菌测定抗体	抗菌药
增生性肠病	胞内劳森菌	6周龄至6月龄多发	急性型水样出血性腹泻（葡萄酒色），体弱，共济失调。慢性型腹泻，粪便从糊状至稀薄	回肠炎和/或结肠炎，黏膜增厚，有时发生坏死或溃烂。在急性型，回肠和/或结肠形成血栓，屠体苍白	粪便或肠道黏膜PCR菌检，组织病理学检查	抗菌药疫苗免疫

二、呼吸道疾病鉴别诊断

病名	病原	流行特点	临床症状	病理变化	实验室诊断	防治
气喘病	支原体	初产母猪后代多发，大小猪均可发病，发病率高，死亡率低，与舍内气候条件有关	体温不高，咳、喘、呼吸高度困难、痉挛性咳嗽，早、晚、运动、食后及变天时更明显，腹式呼吸，有喘鸣音	肺气肿、水肿，有肉变、胰变（虾肉变），呈紫红、灰白、灰红色	X-光检查分离细菌	抗菌药弱毒苗灭活苗
胸膜肺炎	胸膜肺炎放线杆菌	保育猪最易感，初次发生呈群发，死亡率高，与饲养、环境等有关，急性者病程短，地方性流行	体温升高，高度呼吸困难，犬坐姿势，张口、伸舌，口、鼻有带泡沫黏液，耳、口、鼻皮肤发绀	出血性、坏死性、纤维素性胸膜肺炎，心包炎，有胸水，腹水淡黄或暗红色；肺紫色或灰黑色，与胸膜粘连	涂片镜检分离细菌检测抗体	抗菌药
萎缩性鼻炎	产毒素多杀性巴氏杆菌、支气管败血波氏杆菌	1周龄内发病死亡率高，断奶前感染多发生鼻炎，断奶后感染多呈隐性，传播慢，流行期长，可垂直传播	1周龄内多发生肺炎而急性死亡，断奶前感染者表现咳嗽，喷嚏，鼻炎，面部变形，面部皮皱变深，流泪，流鼻涕、鼻血	鼻甲骨、鼻中隔萎缩、变形，严重者消失	分离细菌测定抗体	抗菌药疫苗
猪肺疫	多杀性巴氏杆菌	架子猪多见，与季节、气候、饲养条件、卫生环境等有关，发病急、病程短，死亡率高	体温升高，剧咳，流鼻涕，触诊有痛感；呼吸困难，张口吐舌，犬坐，黏膜发绀，先便秘后腹泻；皮肤淤点出血；心衰窒息而死	咽、喉、颈部皮下水肿；纤维素性胸膜肺炎，肺水肿气肿，肝变，切面呈大理石状条纹；胸腔、心包积液	涂片镜检分离细菌	抗菌药疫苗
链球菌病	链球菌	各种年龄均易感，与饲养管理、卫生条件等有关，发病急，感染率高，流行期长	体温升高，咳，喘，关节炎，脑膜炎；耳端、腹下及四肢皮肤发绀，有出血点	内脏器官出血，脾肿大，关节炎，淋巴结化脓	涂片镜检分离细菌	抗菌药
猪流感	流感病毒	多种动物易感，发病率高、传播快、流行广、病程短，死亡率低	体温升高，咳、喘，呼吸困难，流鼻涕、流泪，结膜潮红，病程约一周	肺充血水肿	分离病毒PCR	疫苗
蓝耳病	动脉炎病毒	孕猪和乳猪易感，新疫区发病率高，仔猪死亡率高，垂直传播	乳猪发热，呼吸困难，咳嗽，共济失调，急性死亡；母猪皮肤发绀，妊娠晚期流产、死胎	仔猪淋巴结肿大、出血，脾肿大，肺淤血、水肿、肉变	PCR检测抗体	疫苗免疫
伪狂犬病	伪狂犬病毒	多种动物易感，孕猪和新生猪为最，感染率高，发病严重，仔猪死亡率高，垂直传播，流行期长	体温40～42℃，呼吸困难，腹式呼吸，咳嗽、流鼻涕、腹泻、呕吐，有中枢神经系统症状，共济失调，很快死亡。孕猪流产，产死胎	扁桃体、肺、肝、脾、肾及胃肠道有坏死灶，肾脏针尖状出血，脑膜充血、出血	PCR检测抗体	疫苗免疫

续表

病名	病原	流行特点	临床症状	病理变化	实验室诊断	防治
弓形虫病	龚地弓形虫	各种年龄的猪均易感	体温40～42℃，咳、喘，呼吸困难，有神经症状，后期体表有紫斑及出血	皮肤出血，间质性肺炎，脾肿大	涂片镜检测定抗体	磺胺类药有效
副猪嗜血杆菌病	副猪嗜血杆菌	2周龄到4月龄的猪均易感，多见于保育猪	发热，厌食，反应迟钝，呼吸困难，咳嗽，疼痛，关节肿胀，跛行，颤抖，共济失调，可视黏膜发绀，侧卧，消瘦和被毛粗乱	单个或多个浆膜面可见浆液性和化脓性纤维蛋白渗出物，损伤也可能涉及脑和关节表面	细菌学检查	疫苗免疫药物预防

三、传染性繁殖障碍的鉴别诊断

病名	流行特点	临床症状				剖检病变	防治
		仔猪	育肥猪	母猪	公猪		
乙型脑炎	以蚊子为媒介，夏秋季发病，散发，多隐性感染	体温升高及个别猪兴奋或麻痹症状		突发流产或产弱胎、死胎、木乃伊胎（胎龄不同）	睾丸炎	胎儿皮下水肿。肝、脾、肾坏死灶，非化脓性脑炎及脑液化	疫苗免疫
细小病毒病	夏秋季发病，初产母猪多发	无明显症状		母猪无症状，产死胎、木乃伊胎（胎龄不同）		胎儿水肿、非化脓性脑炎	疫苗免疫
伪狂犬病	寒冷季节多发；初产母猪和经产母猪都发病；病毒持续感染	仔猪神经症状和高死亡率	呼吸道症状，偶有神经症状	呼吸道症状；流产或产死胎、弱胎（常为同一胎龄）	阴囊炎、不育	仔猪脑脊髓炎，肺充血、水肿，肝脾坏死灶	疫苗免疫
蓝耳病	寒冷季节多发；孕猪及仔猪最易感。肥育猪发病温和。引起免疫抑制	发热、呼吸困难，月内死亡率25%～40%	轻微的呼吸道症状	发热，厌食，嗜眠，皮肤斑状变红、发绀，后期流产（常为同一胎龄）		病死仔猪胸腔积水，皮下、肌肉及腹膜下水肿。间质性肺炎	疫苗免疫
猪瘟	各年龄猪均易感，持续性感染及免疫耐受	发热，厌食，呕吐，腹泻，结膜炎，呼吸困难，红斑，发绀，共济失调		母猪无明显症状，产木乃伊胎、死胎（胎龄不同）、弱胎或外表健康仔猪		胎儿皮下水肿，淋巴结、肾出血及表面凹凸不平，胸腺萎缩	疫苗免疫
肠道病毒感染	各年龄猪均易感，仅怀孕母猪感染后出现繁殖障碍	无症状		胚胎吸收或木乃伊胎、畸形胎、弱胎及水肿仔猪		死亡胎儿皮下及肠系膜水肿，体腔积水，脑膜及肾皮质出血	母猪驯化

续表

病名	流行特点	临床症状				剖检病变	防治
		仔猪	育肥猪	母猪	公猪		
衣原体病	秋冬流行严重，初产怀孕母猪和新生仔猪最敏感	肺炎、肠炎、多发性关节炎、脑炎、结膜炎的症状和病变		怀孕后期流产、产死胎或弱仔（胎龄基本相同）	尿道炎、睾丸炎	胎儿水肿、头颈四肢出血，肝充血、出血、肿大	疫苗免疫抗菌药
布鲁菌病	各种年龄猪均易感，以生殖期发病最多，一般仅流产一次，多散发	无明显症状		孕后4～12周流产或早产（胎龄基本相同），流产前短暂发热	睾丸炎	公猪睾丸脓肿及关节炎症。流产胎儿无特殊病变。无木乃伊胎	检测淘汰疫苗免疫抗菌药
钩端螺旋体病	鼠为主要传染源。常发于温暖地区的夏秋季，散发或地方流行	仔猪及育肥猪体温升高，结膜及皮肤泛黄、潮红，尿茶色或血尿		流产多见于中后期（常接近同一胎龄）		黄疸，体腔积液，肝胆肿大；肾肿大，常有白斑。有时头、颈背及胃壁水肿	抗菌药多价菌苗接种
附红细胞病	各年龄猪均易感，隐性感染率高	发热，厌食，便干，尿黄或茶色尿。早期耳充血发红，后期贫血或黄疸		症状同仔猪和育肥猪，并多发产前不食，产死胎（成熟胎），产弱仔（贫血状），产后乳汁不足		黄疸、贫血、血液稀薄，淋巴结肿大，心肌苍白松软，肾肿大、质脆，肝脾肿大，胆汁浓稠	四环素类药、砷制剂、贝尼尔

四、有神经症状猪病的鉴别诊断

病名	病原	流行特点	临床症状	病理变化	实验室诊断	防治
伪狂犬病	伪狂犬病毒	孕猪和新生猪为最，感染率高，发病严重，仔猪死亡率高，垂直传播，流行期长，无季节性	体温升高，呼吸困难，腹式呼吸，咳嗽、流鼻涕、腹泻、呕吐，有中枢神经系统症状，共济失调，很快死亡。孕猪流产，产死胎、木乃伊胎	呼吸道及扁桃体出血，肺水肿，出血性肠炎，胃底部出血，肾脏出血，脑膜充血、出血	PCR动物接种检测抗体	疫苗免疫
乙型脑炎	乙脑病毒	夏秋多见，蚊虫叮咬传播，散发，感染率高，发病率低，偶见于仔猪	体温升高，少量猪后肢轻度麻痹，步态不稳，跛行，抽搐，摆头。孕猪个别流产，产死胎、木乃伊胎，公猪一侧性睾丸炎	流产胎儿脑水肿，脑膜和脊髓充血，非化脓性脑炎，脑发育不全，皮下水肿，肝、脾有坏死	RT-PCR接种小鼠测定抗体	疫苗免疫
李氏杆菌病	产单核细胞李氏杆菌	断奶前后仔猪最易感，冬春季多见，散发，致死率高，应激因素有关	体温升高，震颤，共济失调，奔跑转圈，后退，痉挛性抽动，头后仰呈观星状，吐白沫	肺、脑膜充血水肿，脑脊液增多，淋巴结肿大出血，气管出血，肝、脾肿大坏死	镜检细菌分离动物接种	早期抗菌药物治疗，无疫苗可用

续表

病名	病原	流行特点	临床症状	病理变化	实验室诊断	防治
水肿病	大肠杆菌	断奶后或有严重应激状态下易发，营养良好者多发，地方流行性或散发，致死率高	共济失调，步态不稳，转圈抽搐，尖叫吐白沫，四肢泳动，眼睑、头颈、全身水肿，呼吸困难，1~2d死亡	患部水肿，有透明、微黄色液体，胃大弯、大肠、肠系膜有胶冻状物，淋巴结肿大，脑脊髓水肿	镜检细菌分离	抗菌药预防
链球菌病	链球菌	不分年龄，与饲养管理、卫生条件等有关，发病急，感染率高，流行期长	体温升高，咳，喘，关节炎，淋巴结脓肿，脑膜炎；耳端、腹下及四肢皮肤发绀，有出血点	血凝不良，内脏器官出血，脾肿大，关节炎，淋巴结化脓	镜检分离细菌	抗菌药
猪丹毒	猪丹毒杆菌	保育猪、生长肥育猪多发，散发，炎热雨季多见，病程短，发病急，病死率高	体温42℃以上，体表有规则或不规则疹块，并可结痂、坏死脱落	脾肿大，皮肤疹块，菜花心	镜检细菌分离	抗菌药
弓形虫病	龚地弓形虫	各种年龄的猪均易感	体温升高，咳、喘，呼吸困难，有神经症状，体表有紫斑及出血点	皮肤出血，间质性肺炎，脾肿大	镜检测定抗体	磺胺类药
捷申病	猪捷申病毒	1月龄最易感，冬春多见，新疫区暴发，老疫区散发，传播慢，流行期长，病死率高	体温升高，后肢后伸，前肢前移，运步失调反复跌倒，麻痹，眼球震颤，角弓反张，惊厥，尖叫，磨牙	脑膜水肿充血，肌肉萎缩，非化脓性脑脊髓炎	病毒分离检测抗体	疫苗免疫扑杀
血凝性脑脊髓脑炎	血凝性脑脊髓炎病毒	1~3周龄仔猪最易感，感染率高，发病率低，多在引进种猪后发病，散发或地方流行性，冬春多见	昏睡，呕吐，便秘，四肢发绀，呼吸困难，喷嚏咳嗽，痉挛磨牙，步态不稳，麻痹犬坐、泳动，转圈，角弓反张，眼球震颤失明	无肉眼病变，非化脓性脑炎，呕吐型则有胃肠炎变化	病毒分离测定抗体	无疫苗可用，扑杀、销毁病猪

五、皮肤病的鉴别诊断

患处	病理变化及临床症状	病名
头颈部	斑点、水泡、脓疱，脂溢性渗出物（皮脂溢）	渗出性皮炎
	脓疱痂，糜烂，结痂，脓肿	链球菌病
	斑块、脓疱、结痂、脱毛，伴有瘙痒	疥螨病
	眼周围、结膜、额部水肿，多见于断奶仔猪和青年育肥猪	水肿病（大肠杆菌）

患处	病理变化及临床症状	病名
头颈部	头、咽水肿	恶性水肿
	鼻、面部及颈部（脸颊）变为红色至紫红色	败血症
	母猪皮肤散在溃疡，下颌骨处结痂	褥疮
	鼻、唇、口及舌部有水泡、脓疱，坏死	口蹄疫、猪水疱病、水疱疹、水疱性口炎、猪细小病毒病、自发性水疱病
	水泡，溃烂，黑痂	猪痘
耳	仔猪耳尖和耳廓后缘黑色坏死，溃疡	耳坏死 沙门杆菌病 丹毒
	育肥猪耳廓基部深度溃疡，常为双侧性	溃疡性螺旋体病
	红斑，红色至紫红色斑点样变色	败血症、猪瘟 非洲猪瘟、晒斑
	斑块，内耳有棕色或灰色痂膜，耳震颤，瘙痒，成年猪见灰色厚痂	疥螨病
	斑点，脓疱，黑痂	渗出性皮炎、链球菌病
	圆形斑点，小鳞屑，耳后和颈部变为粉色至红色	癣菌病（小孢子菌病）
背部	角化症，脊柱两侧有干鳞屑，部分脱毛	必需脂肪酸、维生素A、维生素C或维生素E缺乏；或锌缺乏、疥螨病
	新生仔猪无上皮（表观红色、光亮，且面积大）	上皮增殖不全
	母猪最后肋骨之间的脊柱上部，腰部脓肿，压迫性坏死	褥疮，由于产仔笼的限制或猪舍栏杆或尖锐物的压迫
	母猪肩胛骨处皮肤呈大面积深度散在溃疡，坏死，结痂。常见于身体状态差时	褥疮，由于在太硬或钢筋结构地面分娩。摄入能量太少
腹下部	红斑，脓疱，深棕色痂片，渗出	渗出性皮炎、链球菌病、疥螨病、念珠菌病、生物素缺乏
	红斑，圆形，菱形红色斑块，常伴有中央坏死，发热，厌食，关节炎	丹毒
	绳索勒伤样丘疹，蜀黍红疹项圈 鳞片及鳞屑（3～14周龄猪）	玫瑰糠疹
	粉色至红色圆形斑点，外周有鳞屑或痂片	癣菌病（小孢子菌病、毛癣菌病）
	丘疹、厚痂，有裂纹、渗出物	锌缺乏（角化不全） 增生性皮炎 渗出性皮炎
	水疱、脓疱、黑痂，病变部位中央凹陷，周围呈圆形隆起	猪痘
	泌乳母猪病变处红斑到紫色或黑色斑块，皮肤坏死	急性乳腺炎
	乳头坏死，尤其是仔猪胸部乳头，乳头末端有暗红色或黑色斑块（痂）	由于产房卫生条件差，地面粗糙所致的外伤和感染

患处	病理变化及临床症状	病名
侧腹部和腹胁部	红斑，圆形或菱形红色斑块，伴有中央坏死、发热、厌食、关节炎	丹毒
	丘疹，水泡，脓疱，鳞屑，结痂，皮脂溢	渗出性皮炎 链球菌
	脓疱，鳞屑皮肤严重卷曲，脱毛，结痂，伴有角化过度	疥螨病 烟碱、泛酸、核黄素、维生素A缺乏
	腹胁部有红斑、糜烂或溃疡	腹胁部咬伤
	丘疹，圆形斑块，蜀黍红疹环，鳞屑（3～14周龄）	玫瑰糠疹
	大小不一的粉红色到红色圆形斑点，外周有鳞片或结痂	癣菌病（小孢子菌病、毛癣菌病）
后腿及臀部	阴囊，外阴和会阴红斑	败血症 晒斑
	尾坏死，溃疡，脓肿（肥育猪）	咬尾
	髋骨处大面积散在溃疡，坏死，结痂	褥疮
	红斑，黑色坏死，尤见于阴囊和外阴	皮炎/肾病综合征
	圆形隆起的小疹块，荨麻疹样反应	昆虫（蝇、蚊、虱）叮咬
腿（肢）	红斑，皮肤变为红色到紫色，尤见于后踝周围	败血症
	丘疹，绳索勒伤样斑块，蜀黍红疹环，股中部及腿部有鳞屑（3～14周龄）	玫瑰糠疹
	丘疹，厚痂，有裂纹，乳头状瘤	角化不全（锌缺乏） 渗出性皮炎
	新生仔猪无上皮（表观红色，光亮，且面积大）	上皮增殖不全
	关节（后踝、肘、球节、坐骨结节）处皮肤过度纤维化，常溃疡	硬皮病，黏液囊炎
	哺乳仔猪肘部，尤其是后踝处皮肤坏死	产房地面太硬所致的外伤
远肢端冠状带蹄	厚，干痂，裂纹深	角化不全，增生性皮炎 渗出性皮炎，疥螨病
	冠状带及附趾周围有水泡，脓疱，糜烂，动物跛行	口蹄疫，猪水泡病 水疱疹，猪细小病毒病 自发性水疱病
	肿胀，有渗出物，冠状带肿胀	蹄感染上行引起的腐蹄病
	蹄壁增厚，水平嵴及沟与冠状带平行	增生性皮炎

六、猪贫血的鉴别诊断

引起断奶仔猪至成年猪贫血的疾病

病名	发病年龄	临床症状	相关因素	诊断
胃溃疡	架子猪后期和成年猪	无食欲，减重，偶尔磨牙；粪便正常或硬，色深或焦油样	饲料过细，维生素E缺乏	剖检可见食道部溃疡
铁缺乏	保育舍的猪	增长率下降，被毛粗	断奶前未能注射足量铁制剂	血液学检查，病史，无其它的病变
疥螨病	保育舍的猪至成年猪，日龄小的猪贫血更严重	瘙痒和擦墙，被毛粗，皮肤角化	疥螨控制程序不力	从耳道皮肤深部刮取物中证明有螨虫
猪鞭虫	常见于2～6月龄猪	厌食，带黏液的腹泻，减重，粪便色深，黑粪	寄生虫控制程序不力	大肠病变，对治疗的反应效果好
出血性回肠炎	常为日龄较小的配种年龄的母猪	肛门出血，体况一般正常	常见于有与其它弯杆菌有关的肠道疾病的猪群	临床症状，大体病变较少
增生性肠病	保育舍的猪至成年猪，特别是2～5月龄的猪	不同程度的减重，厌食、黑色焦油样粪便至血样粪便	常见于有与其它弯杆菌有关的肠道疾病的猪群	剖检病变主要在小肠，组织病理学：黏膜增生
附红细胞体病	保育舍的猪至成年猪	嗜睡，生长减慢，偶见黄疸；母猪急性发作，乳房和外阴水肿	疥螨和虱的控制程序不力	血液涂片染色可见到病原体，间接血凝价>1∶80
黄曲霉毒素中毒	所有年龄，日龄小的猪较严重	沉郁、厌食、腹水、肝酶升高，偶见黄疸	饲料发霉，常见于潮湿的季节收获或储存的谷物，特别是破碎的谷粒	肝脏病变，由脂肪变性至坏死和硬化，检查饲料中有无毒素
单端孢霉毒素中毒	所有年龄，日龄小的猪较严重	胃肠炎	饲料发霉，常见于潮湿的季节收获或储存的谷物，特别是破碎的谷粒	检查饲料中有无毒素
玉米赤霉烯酮中毒	所有年龄，日龄小的猪较严重	初情期前母猪外阴和乳腺肿大	饲料发霉，常见于潮湿的季节收获或储存的谷物，特别是破碎的谷粒	检查饲料中有无毒素
苄丙酮香豆素中毒	任何年龄	跛行，步态僵硬，嗜睡，深色焦油样粪便	接触灭鼠剂	凝血时间延长，血液和肝脏中检查毒素

引起未断奶仔猪贫血的疾病

病名	发病猪	临床症状	血液学检验	诊断
缺铁性贫血	出生时正常，随日龄增加而病情严重	被毛粗，苍白，呼吸快，生长不均匀	小红细胞、低血色素性红细胞	猪未注射过适量的铁制剂，心扩张，心包积液，肺水肿，脾肿大

续表

病名	发病猪	临床症状	血液学检验	诊断
附红细胞体病	特别是5日龄以下的猪，但从出生到断奶期间均可发生	黄疸，被毛粗，生长不均匀，无精神，肝脏肿大呈黄褐色，脾脏肿大	红细胞内可见病原体	取发热猪血液做瑞氏-姬姆萨染色或母猪血清学检测阳性
脐带出血	出生后数小时内死亡，可能与使用锯末或缺乏维生素C或锌有关	脐带保持肉样且较大，不萎缩，皮肤染血	正常	临床症状

附录二　猪场常用药物使用方法

药物名称	给药途径	给药剂量	备注
磺胺嘧啶	内服	50～60mg/kg	分两次服用
	饲料添加	1000mg/kg	
磺胺二甲嘧啶	内服	50～60mg/kg	分两次服用
	饲料添加	300mg/kg	
复方磺胺甲基异噁唑	内服	25mg/kg	2次/日
	饲料添加	500mg/kg	
复方磺胺对甲氧嘧啶	内服	25mg/kg	1次/日
	饲料添加	300mg/kg	
复方磺胺间甲氧嘧啶	内服	20～50mg/kg	1次/日
	饲料添加	300mg/kg	
磺胺脒	内服	70～100mg/kg	2～3次/日
	饲料添加	1000mg/kg	
三甲氧苄氨嘧啶	内服	2～5mg/kg	分两次服用
复方磺胺嘧啶钠注射液	肌注或静注	20～25mg/kg	2次/日
复方磺胺对甲氧嘧啶注射液	肌注或静注	20～25mg/kg	1次/日
复方磺胺间甲氧嘧啶注射液	肌注或静注	20～25mg/kg	1次/日
痢菌净	饲料添加	混饲浓度200mg/kg	（连用不超过3d）
	注射	2.5mg/kg	2次/日
环丙沙星	肌注	2.5～5mg/kg	2次/日
	静注	2mg/kg	2次/日

续表

药物名称	给药途径	给药剂量	备注
恩诺沙星	内服	5～10mg/kg	2次/日
	肌注	2.5mg/kg	2次/日
二甲硝咪唑	饲料添加	混饲浓度200～500mg/kg	
青霉素G钠	肌注	（1～1.5）×10^{4}U/kg	2次/日
头孢噻呋钠	肌注	3～5mg/kg	1次/日
阿莫西林	内服	10～15mg/kg	2次/日
	肌注	5～10mg/kg	2次/日
氨苄西林	内服	20～40mg/kg	2～3次/日
	肌注	10～20mg/kg	2～3次/日
红霉素	内服	10～20mg/kg	2次/日
	肌注或静注	3～5mg/kg	2次/日
泰乐菌素	肌注	5～10mg/kg	2次/日
	内服	100mg/kg	2次/日
	饲料添加	100～200mg/kg	治疗量
替米考星	饲料添加	200～400mg/kg	
盐酸林可霉素	内服	10～15mg/kg	1～2次/日
	饲料添加	200mg/kg	
	肌注或静注	10mg/kg	1次/日
氯林可霉素	内服和肌注	5～10mg/kg	1～2次/日
硫酸链霉素	肌注	10mg/kg	2次/日
	内服	0.5～1g/头	2次/日
硫酸庆大霉素	肌注	（1～1.5）×10^{4}U/kg	2次/日
	内服	1～1.5mg/kg	2次/日
硫酸卡那霉素	肌注	10～15mg/kg	2次/日
	内服	3～6mg/kg	2次/日
硫酸丁胺卡那霉素	肌注	5～7.5mg/kg	2次/日
硫酸多黏菌素B	肌注	1日量，10000U/kg	2次/日
	内服	仔猪2000～4000U/kg	2次/日
硫酸多黏菌素E	肌注	1日量，10000U/kg	分2次注射
	内服	（1.5～5）×10^{4}U/kg	

续表

药物名称	给药途径	给药剂量	备注
多西环素	内服	3～5mg/kg	2次/日
	饲料添加	150～250mg/kg	
土霉素	饮水添加	混饲浓度100～200mg/kg	
	饲料添加	混饲浓度300～500mg/kg	
	肌注或静注	5～10mg/kg	2次/日
	内服	10～20mg/kg	3次/日
金霉素	内服	10～20mg/kg	3次/日
	饲料添加	混饲浓度300～500mg/kg	
氟苯尼考	内服	10～20mg/kg	2～3次/日
	饲料添加	混饲浓度100mg/kg	
	肌注或静注	10～20mg/kg	1次/日
泰妙菌素	内服	40～100mg/kg	
	肌注	10～15mg/kg	1次/日
制霉菌素	内服	（5～10）×10^5U	3次/日
精制敌百虫	内服	80～100mg/kg	
噻嘧啶	内服	22mg/kg	每头不超过2g
	饲料添加	110mg/kg	
盐酸左旋咪唑	内服	7.5mg/kg	
	肌注、皮下注射	7.5mg/kg	
磷酸左旋咪唑	内服	8mg/kg	
丙硫咪唑	内服	5～10mg/kg	
苯硫咪唑	内服	5～7.5mg	
伊维菌素	内服	0.3～0.5mg/kg	
	皮下注射	0.3mg/kg	
催产素	外阴黏膜下注射	5～10IU，20IU	
PGF2α	外阴黏膜下注射	10～25mg	
氯前列醇	外阴黏膜下注射	0.1～0.2mg	

附录三 视频部分名单

1. HE琼脂的制备
2. SS琼脂的制备
3. 麦康凯琼脂的制备
4. 普通营养琼脂的制备
5. 血清琼脂的制备
6. 鲜血琼脂的制备
7. 巧克力琼脂的制备
8. 病料猪链球菌的分离培养
9. 猪链球菌的纯培养
10. 病料猪链球菌形态观察
11. 猪链球菌革兰染色镜检
12. 猪链球菌敏感药物的筛选
13. 血涂片的制备
14. 血涂片瑞氏姬姆萨染色
15. 猪附红细胞体的观察
16. 细菌运动性观察
17. 猪抗凝血的制备
18. 血清的制备
19. 血清的灭活
20. 猪布鲁菌病的检疫
21. 猪瘟抗体测定
22. 猪小袋纤毛虫的检查
23. 小袋纤毛虫镜检（40倍）-1
24. 小袋纤毛虫镜检（40倍）-2
25. 小袋纤毛虫镜检（100倍）-1
26. 小袋纤毛虫镜检（100倍）-2
27. 小袋纤毛虫镜检（100倍）-3
28. 猪滴虫的检查
29. 猪毛滴虫（400倍）

30. 猪粪便中鞭虫卵的检查
31. 猪疥螨的检查
32. 疥螨
33. 蠕形螨
34. 类圆线虫案例
35. 猪的倒提保定
36. 猪的仰卧保定
37. 猪的肌内注射
38. 猪的静脉注射
39. 猪的肺内注射
40. 猪的后海穴注射
41. 仔猪腹腔注射（1）
42. 仔猪腹腔注射（2）
43. 仔猪腹腔注射（3）
44. 母猪腹腔注射
45. 猪前腔静脉采血
46. 仔猪前腔静脉采血及保定
47. 育肥猪的前腔静脉采血
48. 母猪的耳静脉采血
49. 母猪后海穴注射
50. 猪盐水灌肠操作
51. 剪牙断尾打耳号
52. 小公猪去势（1）
53. 小公猪去势（2）
54. 小公猪去势（3）
55. 小母猪去势（1）
56. 小母猪去势（2）
57. 阴囊疝手术（1）
58. 阴囊疝手术（2）

59. 撒石灰水消毒（1）

60. 撒石灰水消毒（2）

61. 免疫接种（1）

62. 免疫接种（2）

63. 免疫接种（3）

64. 伪狂犬病（1）

65. 伪狂犬病（2）

66. 伪狂犬病（3）

67. 正常小白鼠

68. 小白鼠接种PR病料后早期症状

69. 小白鼠接种PR病料后中期症状

70. 小白鼠接种PR病料后晚期症状

71. 日光性皮炎（1）

72. 日光性皮炎（2）

73. 破伤风（1）

74. 破伤风（2）

75. 李氏杆菌病-脑炎

76. 李氏杆菌病-脊髓炎

77. 猪水肿病

78. 食盐中毒

79. 八字腿（1）

80. 八字腿（2）

81. 先天性震颤（1）

82. 先天性震颤（2）

83. 先天性震颤（3）

84. 先天性震颤（4）

85. 先天性震颤（5）

86. 气喘病咳嗽

87. 免疫系统结构功能与健康

88. 心血管系统结构功能与健康

89. 呼吸系统结构功能与健康

90. 消化系统结构功能与健康

91. 泌尿系统结构功能与健康

92. 生殖系统结构功能与健康

93. 被皮系统结构功能与健康

94. 培养基的选择与制备

95. 附红细胞体的观察

96. ELISA间接法

97. 荧光定量PCR（提取DNA）

98. 荧光定量PCR（提取RNA）

99. ASFV荧光定量PCR（免提DNA）

100. 肠道寄生虫虫卵检测

101. 猪皮肤寄生虫检测

102. 猪瘟

103. 猪瘟净化

104. 猪瘟案例分析

105. 非洲猪瘟

106. 猪口蹄疫

107. 猪圆环病毒病

108. 猪链球菌病

109. 猪丹毒

110. 猪丹毒案例分析

111. 猪李氏杆菌病

112. 附红细胞体病

113. 霉菌毒素中毒

114. 应激综合征

115. 猪流感

116. 猪呼吸与繁殖综合征

117. 猪伪狂犬病

118. 猪伪狂犬净化

119. 猪传染性胸膜肺炎

120. 副猪嗜血杆菌病

121. 气喘病

122. 猪肺疫

123. 猪传染性萎缩性鼻炎

124. 病毒性腹泻

125. 细菌性腹泻防控

126. 寄生虫性腹泻防控

127. 便秘

128. 胃溃疡

129.腹腔注射疗法

130.灌肠疗法

131.猪乙型脑炎

132.猪细小病毒病

133.不孕症原因分析

134.流产与产死胎原因分析

135.口蹄疫的诊断与防控

136.母猪低温症

137.母猪附红体问题

138.猪支原体肺炎一针疗法

附录四 幻灯片部分名单

1.猪瘟

2.圆环病毒病

3.猪丹毒

4.链球菌病

5.李氏杆菌病

6.附红细胞体病

7.口蹄疫

8.猪传染性胸膜肺炎

9.副猪嗜血杆菌病

10.猪肺疫

11.气喘病

12.猪流感

13.萎缩性鼻炎

14.蓝耳病

15.猪流行性腹泻

16.非洲猪瘟

17.过敏性紫癜

18.仔猪水肿病

19.伪狂犬病

20.乙型脑炎

21.消化道寄生虫病

22.疥螨、蠕形螨

23.霉菌毒素问题

24.流产

25.木乃伊胎

26.胃溃疡

27.肠套叠、肠扭转

28.被睾去势展示

29.环境性皮肤病

30.遗传性皮肤病

31.药物中毒

32.常见细菌镜检图

33.常见细菌在培养基上的生长表现

34.弓形虫病

35.胃溃疡案例

36.脾扭转案例

附录五　配套视频和幻灯片资源二维码

视频 1.HE 琼脂的制备

视频 2.SS 琼脂的制备

视频 3. 麦康凯琼脂的制备

视频 4. 普通营养琼脂的制备

视频 5. 血清琼脂的制备

视频 6. 鲜血琼脂的制备

视频 7. 巧克力琼脂的制备

视频 8. 病料猪链球菌的
分离培养

视频 9. 猪链球菌的纯培养

视频 10. 病料猪链球菌
形态观察

视频 11. 猪链球菌革兰
染色镜检

视频 12. 猪链球菌敏感
药物的筛选

视频 13. 血涂片的制备

视频 14. 血涂片瑞氏姬姆萨染色

视频 15. 猪附红细胞体的观察

视频 16. 细菌运动性观察

视频 17. 猪抗凝血的制备

视频 18. 血清的制备

视频 19. 血清的灭活

视频 20. 猪布鲁菌病的检疫

视频 21. 猪瘟抗体测定

视频 22. 猪小袋纤毛虫
的检查

视频 23. 小袋纤毛虫镜检
（40倍）-1

视频 24. 小袋纤毛虫镜检
（40倍）-2

视频 25. 小袋纤毛虫镜检
（100 倍）-1

视频 26. 小袋纤毛虫镜检
（100 倍）-2

视频 27. 小袋纤毛虫镜检
（100 倍）-3

视频 28. 猪滴虫的检查

视频 29. 猪毛滴虫
（400 倍）

视频 30. 猪粪便中鞭虫卵
的检查

视频 31. 猪疥螨的检查

视频 32. 疥螨

视频 33. 蠕形螨

视频 34. 类圆线虫案例

视频 35. 猪的倒提保定

视频 36. 猪的仰卧保定

视频 37. 猪的肌内注射

视频 38. 猪的静脉注射

视频 39. 猪的肺内注射

视频 40. 猪的后海穴注射

视频 41. 仔猪腹腔注射（1）

视频 42. 仔猪腹腔注射（2）

视频 43. 仔猪腹腔注射（3）

视频 44. 母猪腹腔注射

视频 45. 猪前腔静脉采血

视频 46. 仔猪前腔静脉采血
及保定

视频 47. 育肥猪的前腔
静脉采血

视频 48. 母猪的耳静脉采血

视频 49. 母猪后海穴注射

视频 50. 猪盐水灌肠操作

视频 51. 剪牙断尾打耳号

视频 52. 小公猪去势（1）

视频 53. 小公猪去势（2）

视频 54. 小公猪去势（3）

视频 55. 小母猪去势（1）

视频 56. 小母猪去势（2）

视频 57. 阴囊疝手术（1）

视频 58. 阴囊疝手术（2）

视频 59. 撒石灰水消毒（1）

视频 60. 撒石灰水消毒（2）

视频 61. 免疫接种（1）

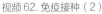

视频 62. 免疫接种（2）

视频 63. 免疫接种（3）

视频 64. 伪狂犬病（1）

视频 65. 伪狂犬病（2）

视频 66. 伪狂犬病（3）

视频 67. 正常小白鼠

视频 68. 小白鼠接种 PR
病料后早期症状

视频 69. 小白鼠接种 PR
病料后中期症状

视频 70. 小白鼠接种 PR
病料后晚期症状

视频 71. 日光性皮炎（1）

视频 72. 日光性皮炎（2）

视频 73. 破伤风（1）

视频 74. 破伤风（2）

视频 75. 李氏杆菌病 - 脑炎

视频 76. 李氏杆菌病 - 脊髓炎

视频 77. 猪水肿病

视频 78. 食盐中毒

视频 79. 八字腿（1）

视频 80. 八字腿（2）

视频 81. 先天性震颤（1）

视频 82. 先天性震颤（2）

视频 83. 先天性震颤（3）

视频 84. 先天性震颤（4）

视频 85. 先天性震颤（5）

视频 86. 气喘病咳嗽

视频 87. 免疫系统结构
功能与健康

视频 88. 心血管系统结构
功能与健康

视频 89. 呼吸系统结构
功能与健康

视频 90. 消化系统结构
功能与健康

视频 91. 泌尿系统结构
功能与健康

视频 92. 生殖系统结构
功能与健康

视频 93. 被皮系统结构
功能与健康

视频 94. 培养基的
选择与制备

视频 95. 附红细胞体的观察

视频 96.ELISA 间接法

视频 97. 荧光定量 PCR
（提取 DNA）

视频 98. 荧光定量 PCR
（提取 RNA）

视频 99.ASFV 荧光定量
PCR（免提 DNA）

视频 100. 肠道寄生虫
虫卵检测

视频 101. 猪皮肤寄生虫
检测

视频 102. 猪瘟

视频 103. 猪瘟净化

视频 104. 猪瘟案例分析

视频 105. 非洲猪瘟

视频 106. 猪口蹄疫

视频 107. 猪圆环病毒病

视频 108. 猪链球菌病

视频 109. 猪丹毒

视频 110. 猪丹毒案例分析

视频 111. 猪李氏杆菌病

视频 112. 附红细胞体病

视频 113. 霉菌毒素中毒

视频 114. 应激综合征

视频 115. 猪流感

视频 116. 猪呼吸与繁殖
综合征

视频 117. 猪伪狂犬病

视频 118. 猪伪狂犬净化

视频 119. 猪传染性
胸膜肺炎

视频 120. 副猪嗜血杆菌病

视频 121. 气喘病

视频 122. 猪肺疫

视频 123. 猪传染性萎缩性
鼻炎

视频 124. 病毒性腹泻

视频 125. 细菌性腹泻防控

视频 126. 寄生虫性
腹泻防控

视频 127. 便秘

视频 128. 胃溃疡

视频 129. 腹腔注射疗法

视频 130. 灌肠疗法

视频 131. 猪乙型脑炎

视频 132. 猪细小病毒病

视频 133. 不孕症原因分析

视频 134. 流产与产死胎
原因分析

视频 135. 口蹄疫的诊断
与防控

视频 136. 母猪低温症

视频 137. 母猪附红体问题

视频 138. 猪支原体肺炎
一针疗法

幻灯片 1. 猪瘟

幻灯片 2. 圆环病毒病

幻灯片 3. 猪丹毒

幻灯片 4. 链球菌病

幻灯片 5. 李氏杆菌病

幻灯片 6. 附红细胞体病

幻灯片 7. 口蹄疫

幻灯片 8. 猪传染性胸膜肺炎

幻灯片 9. 副猪嗜血杆菌病

幻灯片 10. 猪肺疫

幻灯片 11. 气喘病

幻灯片 12. 猪流感

幻灯片 13. 萎缩性鼻炎

幻灯片 14. 蓝耳病

幻灯片 15. 猪流行性腹泻

幻灯片 16. 非洲猪瘟

幻灯片 17. 过敏性紫癜

幻灯片 18. 仔猪水肿病

幻灯片 19. 伪狂犬病

幻灯片 20. 乙型脑炎

幻灯片 21. 消化道寄生虫病

幻灯片 22. 疥螨、蠕形螨

幻灯片 23. 霉菌毒素问题

幻灯片 24. 流产

幻灯片 25. 木乃伊胎

幻灯片 26. 胃溃疡

幻灯片 27. 肠套叠、肠扭转

幻灯片 28. 被睾去势展示

幻灯片 29. 环境性皮肤病

幻灯片 30. 遗传性皮肤病

幻灯片 31. 药物中毒

幻灯片 32. 常见细菌镜检图

幻灯片 33. 常见细菌在培养基上的生长表现

幻灯片 34. 弓形虫病

幻灯片 35. 胃溃疡案例

幻灯片 36. 脾扭转案例

参考文献

[1] Straw B.E. 等主编. 赵德明等主译. 猪病学. 第9版. 北京：中国农业大学出版社，2008.

[2] Zimmerman J.J. 等主编. 赵德明等主译. 猪病学. 第10版. 北京：中国农业大学出版社，2014.

[3] 蔡宝祥. 家畜传染病学. 第3版. 北京：中国农业出版社，1999.

[4] 陈溥言. 兽医传染病学. 第5版. 北京：中国农业出版社，2006.

[5] 李佑民. 家畜传染病学. 北京：蓝天出版社，1993.

[6] 王志远. 猪病防治. 北京：中国农业出版社，2019.

[7] 刘家国，王德云. 猪场疾病控制技术. 北京：化学工业出版社，2009.

[8] 刘作华. 猪规模化健康养殖关键技术. 北京：中国农业出版社，2009.

[9] 娄高明. 集约化养猪技术与疾病防治. 长春：吉林科学技术出版社，1998.

[10] 倪有煌. 兽医内科学. 北京：中国农业出版社，1996.

[11] 王连纯，王楚端，齐志明. 养猪与猪病防治. 北京：中国农业大学出版社，2004.

[12] 王建华. 兽医内科学. 北京：中国农业出版社，2010.

[13] 吴增坚. 养猪场猪病防治. 北京：金盾出版社，2008.

[14] 宣长和. 猪病学. 北京：中国农业科技出版社，2003.

[15] 张宏伟. 动物疫病. 北京：中国农业出版社，2001.